地基与基础工程
（原著第二版）

The Mechanics of Soils and Foundations

［英］约翰·阿特金森（John Atkinson）著

程晓辉　郭红仙　译

中国建筑工业出版社

著作权合同登记图字：01-2021-4729 号

图书在版编目（CIP）数据

地基与基础工程：原著第二版/（英）约翰·阿特金森（John Atkinson）著；程晓辉，郭红仙译. —北京：中国建筑工业出版社，2022.11
书名原文：The Mechanics of Soils and Foundations
ISBN 978-7-112-27670-7

Ⅰ.①地…　Ⅱ.①约…②程…③郭…　Ⅲ.①地基-基础（工程）-高等学校-教材　Ⅳ.①TU47②TU753

中国版本图书馆 CIP 数据核字（2022）第 132145 号

责任编辑：王雨滢　刘颖超　程素荣
责任校对：芦欣甜

地基与基础工程（原著第二版）
The Mechanics of Soils and Foundations

［英］约翰·阿特金森（John Atkinson）　　著
程晓辉　郭红仙　译
＊
中国建筑工业出版社出版、发行（北京海淀三里河路 9 号）
各地新华书店、建筑书店经销
北京科地亚盟排版公司制版
北京中科印刷有限公司印刷
＊
开本：787 毫米×1092 毫米　1/16　印张：6　字数：135 千字
2022 年 8 月第一版　　2022 年 8 月第一次印刷
定价：**30.00 元**
ISBN 978-7-112-27670-7
　　　　（39107）

译　者　序

　　这本编译教材是为清华大学土木工程系本科生专业基础课"基础工程（英）"而编写的。该课程主要讲授如何应用"土力学"所涉及的土体基本工程性质和有效应力原理，进行浅基础、桩基础和支挡结构的设计和分析。

　　基础工程是岩土工程的一部分。土木工程的重要分支学科，岩土工程、结构工程和水利工程，其核心课程具有相似的应用力学基础，遵循相同的力学原理。在"基础工程"课程多年的教学中，我们深感原版英文教材对地基与基础工程中基本土力学问题和方法的重视和强调，以及与其他分支学科教学内容之间的联系与贯通。这一点在国内外基础工程教材中实属少见。比如，第 2 章将工程地质课程的"沉积"和"剥蚀"地质过程与土力学课程中一维侧限压缩和回弹模型联系起来。第 4 章中岩土的设计参数则高度概括了地基强度和刚度等重要设计参数的确定原则，明确了排水/不排水分析所需要的有效应力/总应力参数。这一章还从基础工程设计不确定性设计方法的角度，区分了安全系数和荷载系数两个概念的不同，以及各种设计参数特征值的超越概率的内涵。需要说明的是，本章中的地基不排水抗剪强度是 S_u，不是国内教材中普遍采用的所谓总应力指标 c_{cu} 和 φ_{cu}，后者的不当使用给国内基础工程学术和工程界带来了不必要的混淆。特别需要在本科教学和本科教材中重视这一问题。第 5 章涉及地基承载力和沉降计算这一课程最重要的知识点，从概念到计算公式都清楚地给出了如何正确考虑地基的饱和重度和有效重度，如何选择地基有效应力强度指标和不排水抗剪强度指标等问题。相信对于学习国内外同类教材的细心读者而言，会感受到本教材给出的计算公式，不仅概念清晰，而且使用方便。同时在饱和黏性土地基沉降计算分析中，强调了区分瞬时不排水沉降、固结工后沉降以及最终沉降的重要性。第 6 章的桩的承载力问题则重点阐述桩土传力机制。第 7 章区分了用于填方和挖方的支挡结构的安全性随时间变化的不同规律，并从土力学有效应力路径和超静孔隙水压力变化的角度阐明了其机理和原因。

　　时逢清华大学进行本科教育教学改革，推动本科大类[①]培养和强基教育，在院系教学管理部门的支持下，编者特选择编译出版本教材。这本编译教材延续了原版教材的主要特点：以经过工程实践验证的简明理论和经典方法贯穿始终，并用清晰形象的力学简图说明复杂基础工程问题背后的土力学原理。在语言润色方面，我们尽量避免"英翻中"直译的痕迹。但由于水平和时间所限，这些"痕迹"没能完全避免，敬请广大读者批评指正。

　　基础工程是一门实践性很强的学科，需要涉及若干设计标准和规范的内容与方法。考

---

　　① 大类：土木、水利、建管、交通、海洋五个专业一起统筹。

虑到本科教育教学的需求，我们将这些工程师而非大学生非常关心的内容进行了压缩和精简，取而代之并配合教学的是精心设计的实践环节教学内容，包括浅基础承载力和沉降的实验课程，桩承载力设计方法对比大作业，以及高填方软弱地基短期稳定性研讨课和国内外著名地基基础工程项目视频教学（波士顿大开挖，港珠澳沉管隧道工程，比萨斜塔纠偏等）。

本书的第二版将续写如何利用这些力学方法和理论，进行地下水渗流力学、边坡稳定、软土隧道结构、非饱和地基基础和离心机模型试验的设计和分析。

最后，希望通过编译这本具有鲜明特点的基础工程教材，激发学生的学习兴趣，更好地掌握地基与基础的基础理论方法；也为国内相关工程技术人员提供一本非常实用的参考书。

土木系地下工程研究所的博士生徐溪晨和刘子琪等参加了编译工作，在此表示感谢。

程晓辉　郭红仙
清华大学土木工程系　地下工程研究所 2021 秋

目　　录

第 1 章

岩土工程概述

1.1 岩土工程

在有历史记载之前，土和岩石就已经作为建筑材料使用。直到 200 多年前，当亚伯拉罕·达比（Abraham Darby）在煤溪谷（Coalbrookdale）建造了一座铁桥后，木材和其他材料才开始逐渐被使用。时至今日土和岩石不论它的状态如何，还被广泛使用着，仍然是最重要的建筑材料之一。基础或基坑开挖中涉及天然状态岩土设计，而堤坝工程中则用的是人工压实的岩土材料。

砂土和黏土，是由岩石经过风化、剥蚀、沉积和搬运作用形成的颗粒集合体。干砂虽然可以像水一样倒来倒去，但它却可以形成静止锥形砂堆。孩子们可以用湿砂来堆城堡，湿砂也容易被制成圆柱体，并且可以量测其抗压强度。黏土的特性类似橡皮泥或黄油，含水量高的黏土可以像热黄油一样被挤压变形；而含水量低的黏土却像冷黄油一样容易脆断。基坑或边坡无论大小，因涉及相同的岩土材料，其稳定机理是相同的；同理，软土中实际基础的承载力设计与软泥中长靴的承载力也具有相同的受力机理。

许多工程师在很小的时候就接触工程了。孩子们常用麦卡诺、乐高或绳棍来搭建结构。他们在沙滩上嬉戏时会发现水和土的一些特性：知道虽然可以用湿砂建造城堡，但却很难在水下挖洞；在家里也会经常玩砂子和橡皮泥。童年时代的这些体验，实际上已为结构、水力学和土力学的理论和实践提供了例证。本书将会解释这些生活中观察到的岩土工程现象，并结合这些现象更生动讲解岩土工程中重要的理论和分析方法。

天然地基土常常是饱和的，即岩土颗粒间的孔隙充满了水。岩石实际上可视为强胶结的土，不过岩石常有裂隙和节理，更像是颗粒紧密贴合的土体。除岩土工程外，农业和采矿等学科也研究天然的岩土材料，但是它们更为关注岩土的生物化学性质而非力学性质。岩土的颗粒材料属性，使土力学原理还可用于解决其他颗粒材料（如矿砂和谷物）的储藏和运输问题。

图 1.1 列举了一些岩土结构。除了建筑基础外，很多挡土墙和隧道衬砌都是由天然地质材料构成的。在边坡和挡土墙中，岩土在施加荷载的同时又提供了抵抗荷载所需的强度

和刚度。岩土工程是土木工程的一个分支，研究对象就是用天然岩土材料建成的结构或位于岩土体中的结构。本学科的学习，包括岩土材料强度和刚度、结构分析方法和与地下水渗透水力学等方面。

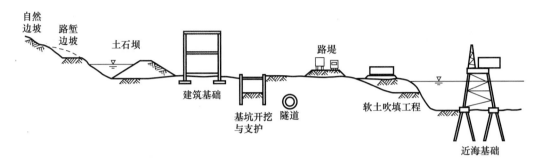

图 1.1　岩土结构

岩土工程因为使用天然岩土材料，显得更有趣味，也不同于其他众多的工程领域。其他领域的工程师可以选择和指定所使用的材料，但岩土工程师必须使用工程所在地的岩土材料，而且对这些岩土材料性能改性措施非常有限。因此通过地基勘察确定岩土材料的分类及其特性是岩土工程中不可或缺的步骤。同时，由于岩土材料是天然地质作用的产物，所以岩土工程师也需要了解和掌握一些地质学的知识。

1.2　工程基本原理

从汽车发动机到大跨度桥梁，工程师们设计了许多不同的系统、机器和结构。汽车发动机包含一系列驱动部件和运动机构，如活塞、连杆、曲轴、凸轮轴和气门等。而桥梁则不允许发生较大的位移，不能形成可变机构。其他工程分支包括能源开采和供给、洗衣机制造、个人电脑制造、给水和净化、车辆和货运等。

土木工程学科，主要包括结构工程（桥梁与建筑）、水利工程（河流与湖波）和岩土工程（基础与开挖）。它们具有相似性，例如材料层面上的钢材、水体和岩土，以及结构层面的桥梁、河流和地基，均会受到荷载作用并且会发生形变。结构工程、水利工程和岩土工程的基本原理也具有相似性，均遵循相同的基本力学原理。但遗憾的是，由于这些学科往往分别组织教学，它们之间的基本联系就弱化了。

为确保这些系统、结构或机器的正常工作，工程师们通过理论计算和分析确定材料类别和型号。例如要保证桥梁不坍塌、边坡和基础不发生破坏且不出现较大位移，都要进行理论设计和计算。这些理论都涉及建筑材料的强度、刚度和流动性以及整个结构的受力机制，都要分析承载力极限状态以确保结构不会破坏坍塌，也要分析正常使用极限状态的变形，以确保结构位移处于容许范围之内。

需要注意的是，工程师自己并不建造或修建它们，他们设计并监督工人施工。人们对工程师的职责普遍认识不清，通常认为工程师就是建造师。实际上，工程师主要负责工程设计，工程的建造是施工人员在工程师的指导下完成的。因此，工程师本质上是具有专业技能和创造力的应用型科学家。

1.3　力学基础

作用于任何物体、结构或机构的荷载改变均会引起其变形或运动。例如，橡皮筋会受荷拉伸，高层建筑会因强风而摆动，骑自行车时轮子会受力转动。这些系统中的力-位移、应力-应变的基本特征如图 1.2 所示，物体受力时会产生应力，但这些应力必须处于平衡状态，否则物体会加速运动；位移引起的应变必须是协调的，否则变形后的物体就不再连续，某些部分会开裂或相互嵌入。平衡与协调关系是两个互相独立的基本准则，适用于一切物体受力变形行为。应力和应变（或者力和位移）之间的关系由其材料的特性决定。

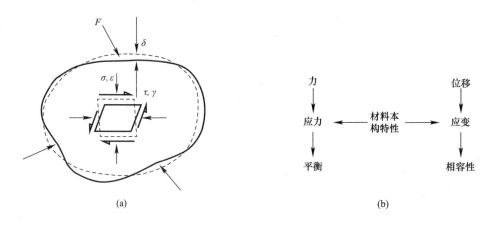

图 1.2　力学原理

基于材料类别、研究问题类型及假设条件，力学有不同的分支。土力学显然是研究由土体所组成结构的力学分支，岩石力学是研究岩石的受力和变形，流体力学是研究流体的力学行为。图 1.3 给出了岩土工程与土力学涉及和用到的基本力学分支。

刚体力学通常用于解决机构的运动问题，如汽车发动机的运动部件均可视为刚体，不会发生变形，因而研究其运动规律需使用刚体力学。结构力学是用于研究框架结构的变形问题，主要研究由梁和柱的弯曲引起的变形。流体力学是研究管道流、明渠流或机翼流体的力学，根据流体的压缩性质，可以有不同的分支。连续介质力学分析连续材料（即材料不存在裂隙、节理或可识别的其他特征）的应力和应变，以及由此材料构成的连续体的变形问题。颗粒力学综合分析单个颗粒的响应获得颗粒材料的整体特性。由于岩土体的颗粒属性，可能会让人觉得颗粒力学能用来解决岩土工程的问题，但实际上，目前大多数土力学和岩土工程问题多是基于连续介质力学或刚体力学的方法。

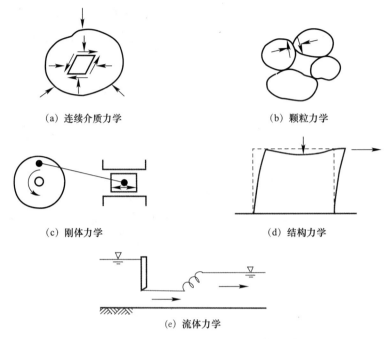

（a）连续介质力学   （b）颗粒力学

（c）刚体力学   （d）结构力学

（e）流体力学

图 1.3   岩土工程涉及的力学学科与分支

1.4   材料的基本特性

    材料自身的性质决定了其应力和应变之间的关系。刚体材料应变为零，只有多刚体构成机构时，系统才会有运动发生。非刚体材料，则会发生压缩、膨胀或形变，如图 1.4 所示。图 1.4（a）中的块体材料受到围压 σ 作用时产生体积压缩变形，图 1.4（c）为围压与体积应变之间的关系示意图，图中曲线切线斜率为体积模量 K。随着围压的不断增加，材料会进一步压缩，K 随着围压和体积应变的增加而增加，材料处在一个稳定状态，不会发生破坏。

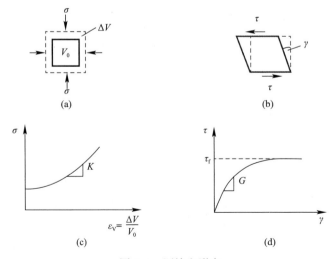

图 1.4   压缩和形变

图 1.4（b）为材料受剪应力 τ 作用时发生形变，与图 1.4（a）中不同的是，压缩带来的变形是材料尺寸的变化，而剪切导致的变形是材料的形状发生改变。一般情况下，加载时体积压缩和形变会同时发生。图 1.4（d）为剪应力和剪应变之间的关系示意图，其中曲线的切线斜率为剪切模量 G，随着剪应力和剪应变的增加，剪切模量变小，当材料无法继续承受剪应力时就会失效。随后，在恒定剪应力 τ_f 作用下，材料的剪切应变继续增加，τ_f 就是材料的抗剪强度。

图 1.4 介绍了材料的两个最重要的特性：刚度和强度。其与应力和应变的增量有关。

$$K = \frac{\mathrm{d}\sigma}{\mathrm{d}\varepsilon_V} \quad G = \frac{\mathrm{d}\tau}{\mathrm{d}\gamma} \tag{1.1}$$

式中，$\varepsilon_V = \Delta V / V_0$ 为材料的体积应变；γ 为材料的工程剪应变。线弹性理论是关于刚度的最简单的理论，弹性理论中无论是加载还是卸载，K 和 G 均为常数。

强度是材料发生较大的剪应变时能承受的极限剪应力。最常用的强度理论有两种：当材料是黏性材料时，其抗剪强度为常数，如式（1.2）所示。

$$\tau_f = s \tag{1.2}$$

当材料为摩擦型材料时，材料的强度与围压成正比，如式（1.3）所示。

$$\tau_f = \sigma\mu = \sigma\tan\varphi \tag{1.3}$$

式中，μ 为摩擦系数；φ 为内摩擦角。

通过本书的学习，读者会发现这两种理论均可用于土体，只是适用条件不同。刚度参数 K 和 G 以及强度参数 s 和 μ（或 φ）均取决于材料本身，但也会受到温度和加载速率等外界因素的影响。例如，当材料强度与应变速率相关时，材料具有黏滞性。

1.5　土的基本特征

土的基本特征可能会让初次接触岩土工程的读者费解。为什么干燥的砂土可以像水一样倾倒流动？为什么湿砂可以用来堆砌沙堡，而且可以承受剪切荷载？为什么黏土如同橡皮泥一样可挤压和重塑，而砂土却不行？为什么由黏土构成的古边坡却与砂土边坡休止角大致相同呢？

通过土力学的学习，读者知道砂土和黏土之间并没有本质上的差别。两者的明显差别在于孔隙水压力发展和渗流固结情况的不同。

1.6　岩土结构的基本类型

岩土结构的四种基本类型如图 1.5 所示，其他复杂的岩土结构大多是由这些基本类型变化或组合而成。如图 1.5（a）所示，浅基础将上层结构荷载传递给地基，其设计的基本准则是将其沉降控制到足够小。基础的设计变量有垂直荷载 V、基础宽度 B 和埋深 D，基础既可以承受相对较小的上部荷载（例如汽车重量），也可以承受相对较大的上部荷载

（例如发电站）等。边坡结构［图 1.5（b）］可因天然侵蚀而成，也可由人工开挖或填筑而成。边坡的基本设计变量为坡角 i 和坡高或开挖深度 H，边坡的主要设计要求是避免滑坡。

挡土墙［图 1.5（c）］是用来支撑高而陡峭的边坡，挡土墙基本设计变量为其墙的高度 H 和嵌深 D、挡土墙的强度和刚度，以及锚杆锚固力或内支撑的力。挡土墙的设计较为复杂，既需要考虑整体稳定性和墙体的抗弯和抗剪强度，也要控制墙后地面的变形。当岩土结构中存在地下水头差时，例如在土石坝［图 1.5（d）］或在抽水井周围，就会发生地下水的渗流。渗流会引起土石坝渗漏，会影响抽水井的出水量，也会导致地下水压力的变化。

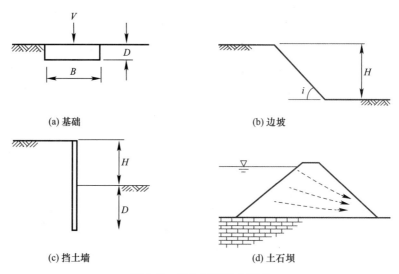

(a) 基础

(b) 边坡

(c) 挡土墙

(d) 土石坝

图 1.5　岩土结构基本类型

图 1.5 中的岩土结构理论上是不允许发生破坏的。但是在岩土工程中也存在利用材料或结构失效的特殊工程问题，例如矿砂的开挖与运输和开仓放粮等问题。土力学理论也可以为这类问题提供合适的解决方法。另外，岩土工程还涉及地下废料储库中污染物迁移和地基加固技术等工程问题。

1.7　安全系数与荷载系数

结构工程和岩土工程都具有不确定性，这些不确定性主要包括：估算结构体承受的最大荷载（尤其是风、浪和地震引起的活荷载），用于材料和结构分析理论的近似或简化处理，以及确定材料强度和刚度参数时的不确定性等。工程设计中通常用安全系数来考虑这些不确定性和近似性。这些系数既可以作为分项系数来反映各种不确定性，也可以一次性用一个综合值来反映整体不确定水平。

由于现实世界的复杂性，所有分析和预测自然事件的应用科学理论都包含各种假设、近似和简化处理。许多人认为，天然地基土体的变异性和土力学理论的复杂性，都使得岩土工程具有高度不确定性。相较于物理化学学科及其工程应用，岩土工程的确没那么精确；可相较于社会科学和经济学，岩土工程也没那么不准确。岩土工程设计，往往可以通过增加变量的方法或采用更为复杂的理论来提高其精确度。例如，如果考虑岩土材料强度和刚度参数随环境温度的变化，设计理论将变得复杂，但分析结果会更接近实际情况。本书介绍的都是简明土力学和岩土工程的理论和方法，正确使用这些方法可以解决大多数常规设计中碰到的问题。

为防止结构发生破坏，结构的承载力极限设计是首要的。但对于岩土结构而言，更为重要的是其位移和沉降的控制与设计。岩土工程实践中，通常是通过对破坏荷载乘以一个系数来实现的。当我[①]还是一个年轻的工程师时，曾参与设计了两个工程。其中一个是大型的土坝项目，这个工程如果发生坍塌，后果是灾难性的，将会导致严重的生命财产损失，但总工程师只取了 1.25 的"安全系数"；而在设计一个与水处理工程配套的小型仓库的基础时，却采用了 3 作为"安全系数"。

那时我[①]对此一直很困惑，最后才明白：仓库基础设计中的系数并不是真正的"安全系数"，而是控制沉降的系数。为控制地基的实际荷载为其破坏荷载的 1/3 时，最终的沉降量就会很小，会满足设计要求。图 1.6 给出了浅基础的沉降量 ρ 与竖向荷载 V 的变化曲线。如图 1.6 (b) 所示，地基的破坏荷载为 V_c，设计的安全荷载为 V_s。一般而言 V_s 大约为 V_c 的 80%，相应的安全系数约为 1.25。此外，还有一个容许荷载 V_a，容许荷载对应的沉降是很小的。

安全荷载 V_s 由下式给出：

$$V_s = \frac{1}{F_s} V_c \tag{1.4}$$

式中，F_s 为安全系数。考虑到结构失效后带来的损失以及分析和确定荷载和地基参数的不确定性，岩土工程中的 F_s 通常取 1.25~1.5。

而容许荷载 V_a 为：

$$V_a = L_f V_c \tag{1.5}$$

式中，L_f 为荷载系数。考虑到上部结构对变形的灵敏度以及分析和确定荷载与地基参数的不确定性，岩土工程中的 L_f 通常取 1/4~1/3。

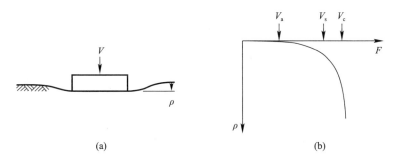

图 1.6　基础设计中的安全系数和荷载系数

---

① 我：为原文作者。

1.8 工程标准和规范

土木建筑工程会遵循各国、地区和行业的标准与规范，旨在保证工程结构设计和施工的安全、经济和质量。标准和规范是通常由专业委员会起草编写对多年工程实践和理论发展的总结，因而具有一定的时效性；也融合了工程实践和当前关注热点。

英国的岩土工程实践主要遵循英国标准。本书主要涉及土工试验、现场勘察和基础设计的三本标准分别采用 BS1377、BS5930 和 BS8004，当然还有许多其他标准。这些标准不久将被欧洲规范取代，与地基基础工程相关的是欧洲规范 7：岩土工程设计规范 EN1997。

土木工程师既要交付符合标准和规范的设计成果，同时也要确保其设计不与本书所阐述的岩土工程基本理论相冲突。在岩土工程中需要区分安全系数和荷载系数。安全系数是用来确保结构安全的，荷载系数是用来控制变形和沉降。

1.9 小结

1. 岩土工程是土木工程的重要分支，主要针对基础、边坡及由岩土组成的各种岩土结构进行设计和分析。

2. 连续工程力学（平衡和协调）和材料力学（刚度和强度）的基本理论的正确应用对岩土工程设计与分析非常重要。

3. 地基的基本特性受土体所承受的外界荷载和土中孔隙水压力的共同影响。

4. 土力学理论可以描述土体的应力和应变之间的关系。岩土材料是摩擦型、可压缩和非弹性的材料。

5. 本教程将讨论岩土结构分析设计的基本方法和理论，主要包括基础、边坡和挡土墙的设计分析。

6. 在岩土工程设计中，安全系数是用来设计安全荷载，确保结构安全的；荷载系数则是用来控制变形或沉降。

第 2 章

天然地基

2.1　天然地基特性

本书将用土力学课程中介绍的基本理论来讨论岩土结构（边坡、挡土墙和基础等）的力学性能。需要注意的是，土力学理论及其所描述的地基特性，都是针对理想和重塑土的。天然地基和重塑土在许多方面是具有差异性的，而且有些方面还有很大影响。

重塑土是在实验室制备的。先将土水混合形成高含水量的泥浆，然后装入试样盒中，通过一维压缩或固结对土样进行加载和卸载，使土样达到所需的初始状态。粗颗粒彼此没有粘结；而细颗粒，尤其是黏土颗粒，因存在颗粒间微小的表面力，彼此间具有轻微粘结。如果土体级配良好，颗粒粒径大小不同，符合随机分布。重塑土样制备好后进行土工测试，测试完成就可得到重塑地基土的特性。重塑土的性质，由土颗粒自身性质决定，测定的参数属于材料参数。而天然地基土是具有结构性，是颗粒组构和颗粒间胶结的综合反应，与天然地基的形成及演变相关。

天然地基可分为沉积土和残积土两类。沉积土通常由水力作用形成；残积土是原位风化的最终产物。重塑土中的土颗粒是随机分布的，而天然地基因其组构，颗粒排列是较为规则的。天然地基成层分布，在级配良好的土层中可能会出现级配不良的透镜体；细颗粒可能会形成团簇或絮凝物，并以较大块体的形式出现在土层中。一般而言，新开挖的坡面上，可以观察到地基的分层特性（偶尔也会发现在相同的环境中沉积着几乎一样厚度的黏土层，但这是比较罕见的），土体的组构是在沉积过程中颗粒非随机排列形成的。

对天然地基而言，上覆土层的沉积和侵蚀、冰川的形成和融化以及地下水的变化，均可导致地基的压缩和膨胀。随着地质时间的流逝，地基退化，土体的特性也随之变化。大多数天然地基非常古老，例如伦敦黏土形成于六千万年前，即使是近代的冰碛土也有一万多年的历史。有时也会看到只有几十年或几百年历史的天然地基，例如密西西比三角洲（Mississippi delta）的淤泥或东安格利亚（Fens of East Anglia）的沼泽，但这些都只是例外。

地基老化会引发颗粒间的胶结和其他物理化学性质的变化。胶结是指土颗粒间彼此粘附，可能是微细颗粒本身相互吸引所致，也可能是地下水中盐分的析出所致。而风化作用则会削弱土体颗粒间的胶结，并可以改变颗粒的化学成分。地基在恒久有效应力的作用下，会发生骨架蠕变，或孔隙水的化学成分变化，地基会持续变形。上述这些和其他未提及的"老化"作用，均会影响到天然地基的特性，而重塑土则体现不出来。

原状天然地基的特性难于获得，最直接的方法是从天然地基中获得非扰动样后进行实验室测试。然而，原位取样和实验室装样的过程，样品不可能避免受到扰动，天然地基的性质可能发生改变。完全非扰动样的取样和测试异常困难，只能尽量减少样品扰动的影响。因此，取样和测试过程的质量控制尤为重要。如果这两个过程正确无误，实验室得到的厚状试样的特性则非常接近天然地基的真实特性。

本章主要介绍重塑土的土力学的基本理论和框架，并不详细讨论具有结构性的天然地基的特性。所以明确结构性的影响是很重要的，这也是本章的目的之一。由于实际工程设计，主要针对完全未扰动的天然地基。需要强调的是，重塑土基础的土力学理论框架是由天然地基工程设计的理论基础发展起来的。

2.2　地基的一维压缩和膨胀

原状地基土的沉积和侵蚀过程，与实验室中土体的一维压缩和膨胀过程类似。图 2.1（a）为上覆土体的沉积和侵蚀过程，原状土体单元的上覆有效应力和含水量变化如图 2.1（b）所示。土力学中通常用颗粒比重来表示体积，用比容 $v(v/v_s)$ 或孔隙率 e 来表示体积变化，而本章中，选用更为常用且更易测量的土样含水量 w 来表示体积变化。本质上，饱和土的含水量、颗粒比重和孔隙比是互相关联的，$e=wG_s$。图 2.1（b）中，A 点和 B 点的土体为正常固结土，C 点的土体为超固结土。尽管 A 点和 C 点的垂直有效应力相近，但它们的含水量有很大的差别。图 2.1（c）为沉积和侵蚀过程中垂直有效应力和水平有效应力的变化示意图。这与静止土压力系数 K_0 有关，K_0 可按式（2.1）进行计算。

$$K_0 = \frac{\sigma_h'}{\sigma_z'} \tag{2.1}$$

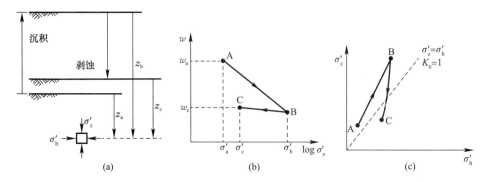

图 2.1　原状土上覆土体的沉积和侵蚀以及样品的一维固结和膨胀

对于正常固结和轻度超固结土体，$\sigma_h' < \sigma_v'$，即 $K_0 < 1$；对于重度超固结土，$\sigma_h' > \sigma_v'$，即 $K_0 > 1$。此外，K_0 可以通过式（2.2）估算得到。

$$K_0 = K_{0nc}\sqrt{Y_0} \tag{2.2}$$

式中，Y_0 是屈服应力比；K_{0nc} 为正常固结土的静止侧向土压力系数，$K_{0nc} = 1 - \sin\varphi_c'$。

土体的许多特性（非临界状态特性）取决于土体的受力状态，是土体加载和卸载历史导致的。这就是说重塑土样在进行剪切试验前应经过一维压缩和膨胀过程，未受扰动的原状试样也应该先压缩至原位状态后再进行试验。

地基中土体单元的状态取决于当前有效应力（即当前土体深度）和超固结情况（即当前土体深度和曾被侵蚀土层厚度）。图 2.2 为轻微侵蚀（侵蚀深度 z_e 较小）和严重侵蚀（侵蚀深度较大）的土层中含水量随深度的变化示意图。在轻微侵蚀时，土层 A 处和 B 处的土样含水量相差较大，而在严重侵蚀时，土层中的 C 处和 D 处的土样含水量较小且两者的差值也较小。在有严重侵蚀的土层中，含水量随深度变化较小，这是因为土层在历史上已承受过较大的压缩过程。

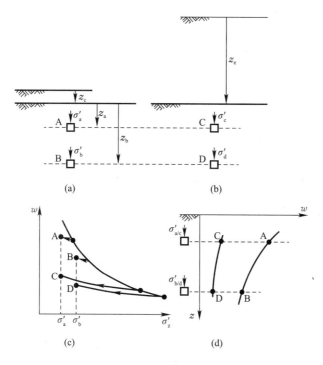

图 2.2　饱和地基中正常固结和超固结土体含水量的变化

2.3　原状地基的状态和屈服应力比变化

土体的结构性会改变其状态（有效应力和含水量）和状态边界面，这两者的变化会使屈服应力比发生变化。屈服应力比本质上是土体的当前状态到状态边界面的距离。在经典土力学理论中，土体的状态只能通过在面上加载和将土体卸载至状态边界面内而发生改

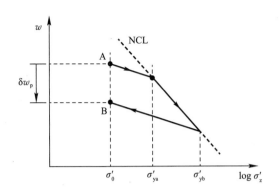

图 2.3　由沉积和侵蚀导致的屈服应力比变化

变。图 2.3 为状态边界面内 A 点土体的状态，与图 2.1（b）类似，屈服应力比定义如下：

$$Y_0 = \frac{\sigma'_y}{\sigma'} \qquad (2.3)$$

式中，σ' 为当前有效应力；σ'_y 为屈服应力（通过 A 点的膨胀曲线与 NCL 的交点）。只有通过沿正常压缩曲线 NCL 加载，A 点才可以移动到 B 点，其中 NCL 是状态边界面的一部分。不可恢复的塑性应变对应的含水量变化量为 δw_p，δw_p 与屈服应力的变化，即 σ'_{ya} 到 σ'_{yb}，以及屈服应力比的变化有关。

　　本章后续部分将介绍原状地基状态和屈服应力比变化其他方式，其中有一些涉及含水量的改变，还有一些是和状态边界面的变化有关。

　　需要注意的是，由于 A 点的最大先期固结应力 σ'_{ya} 小于 B 点的最大先期固结应力 σ'_{yb}，A 点和 B 点的当前应力相同，所以 A 点的超固结比 R_0 小于 B 点的超固结比。在这种情况下，A 点和 B 点的超固结比 R_0 与其屈服应力比 Y_0 相同。

2.4　振动或蠕变引起的体积变化

　　在恒定有效应力作用下的粗粒土，振动会使其发生压缩，并产生不可逆的塑性体积变化，屈服应力比也会发生变化。图 2.4（a）给出了与此相应的应力路径 A→B，屈服应力从 σ'_{ya} 增加到 σ'_{yb}，因此屈服应力比也发生变化。图 2.4（b）是应力按临界应力 σ'_c 归一化后的应力路径图，假设 σ'_z 和 σ'_h 保持不变，则体积压缩引起的临界应力 σ'_c 的增加是土体状态改变的原因。

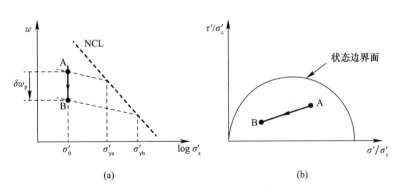

(a)　　　　　　　　　　　　　(b)

图 2.4　粗砂振动导致的屈服应力比变化

　　在恒定的有效应力作用下，如果土体或其他材料的变形还随时间持续增加，那么这种变形是由蠕变引起的。细粒土的蠕变很大。图 2.5（a）给出了蠕变对细粒土状态的影响，与粗粒土振动密实引发土体状态的改变类似。不同的是，振动压缩基本是瞬时发生的，而蠕变的发生比较慢，且蠕变速率会随着时间减小。描述蠕变的方程为：

$$\delta w = C_\alpha \ln\left(\frac{t}{t_0}\right) \tag{2.4}$$

所以含水量随时间（对数坐标）降低，如图 2.5（b）所示。

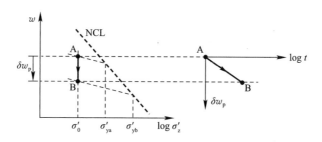

图 2.5　细粒土蠕变导致的屈服应力比变化

图 2.4 和图 2.5 为在恒定有效应力下土体振动和蠕变的压缩曲线，屈服应力从 σ'_{ya} 增加到 σ'_{yb}，所以屈服应力比增加。需要注意的是，B 点与 A 点的超固结比相同，这是因为土体的当前应力和历史最大应力均未发生改变。这说明，较超固结比而言，屈服应力比是一个更基本的土体状态指标。

2.5　沉积土层理的影响

通过水力和风力作用形成的天然沉积土层，具有沉积年代时序性，即天然地基土中存在代表不同沉积时期的层理特征。每一层内，从底部到顶部颗粒由粗逐渐变细，即粗颗粒先沉积在底部，细颗粒后沉积在顶部。这种沉积特征在沉积土中较为常见，称为级配地层。

通常，在一定有效应力作用下，级配良好的正常固结重塑土样含水量 w_r 相对较低，如图 2.6（a）所示。而天然沉积土中，每层土内颗粒由粗到细的每一部分土是级配不良的，在相同的有效应力作用下，正常固结的天然地基土包含多个土层，含水量相对较高，如图 2.6（a）中的 S 点。图中假定重塑土样和天然土样的 NCL 线斜率保持一致。

图 2.6（a）为相同颗粒材料土体的天然土样和重塑土样的压缩曲线。图中 A 点有两个屈服应力：σ'_{ys} 对应于具有层理构造的沉积土，σ'_{yr} 对应于重塑土，也就有两个可能的屈服应力比。位于 A 点的沉积土和重塑土屈服应力不同，压缩时会向不同的 NCL 线移动。

当沉积土产生较大的变形后到达极限状态时，土体已经通过较大的剪切变形完全重塑。因此，在理论上，沉积土和重塑土的临界状态线是相同的。但实际上，在实验室剪切试验很难达到这种临界状态。而天然滑坡时滑坡带土体才可能会达到。此外，相同颗粒材料组成的沉积土和重塑土的临界应力 σ'_c、状态参数 S_v 和 S_σ 理论上是一致的。

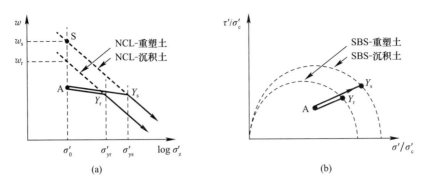

图 2.6　沉积土和重塑土的压缩

2.6　胶结和风化的影响

　　土体在振动或蠕变的压缩过程中，只有含水量发生变化，但是在胶结和风化过程中，土体含水量和状态边界面均可能发生改变。本书仅列出胶结和风化的基本特征，不进行深入讨论。有关胶结和风化的详细介绍请参考相关文献（Lerouil & Vaughan，1990；Coop & Atkinson，1993）。

　　胶结的主要机理是附加矿物的沉积，通常是来自地下水中的碳酸钙析出沉积。胶结对土体有双重的影响，一是减少了土体含水量，二是使状态边界面发生变化。然而，土体在临界状态时剪切应变较大，会导致颗粒之间的胶结破坏，处于临界状态的土体已经重塑。这意味着有无胶结不影响土体的临界状态，胶结主要影响状态边界面的位置以及屈服强度和峰值强度。

　　图 2.7（a）给出了胶结土和相同土重塑后的 NCL 线。起初，土体处于 A 点，在应力不变的情况下，路径 A→B，表示因胶结物在土中的沉积导致土体含水量降低。同时，胶结作用使屈服应力增加，NCL 线向右移动。路径 B→Y_b→C 表示胶结发生后土体的压缩，有一部分是在重塑土 NCL 线外，Y_b 位于胶结土的状态边界面上。土体屈服后，持续的应变使得胶结处发生断裂，状态路径向重塑土的 NCL 线移动。Y_b 到 C 点对应的压缩变形较大，是因为此时胶结物已断裂。

　　临界状态线是唯一的，所以归一化的参数 σ_c' 的值可以确定。这也是选择 σ_c' 而不是 NCL 上的等效应力 σ_e' 进行参数归一化的主要原因。

　　图 2.7（b）是对 σ_c' 归一化后的应力路径 A→B→Y_b→C（这个路径适用于恒定应力比下的加载），对应于图 2.7（a）中的加载路径。图 2.7（b）中部分路径超出了重塑土的状态边界面，屈服点 Y_b 位于胶结土的状态边界面上，A 点和 C 点位于重塑土状态边界面的同一点上，B 点处于超固结状态。图 2.7（b）中重塑土和胶结土的状态边界面之间的距离主要取决于胶结强度和胶结物的量。

　　风化在本质上可以视为胶结的逆向过程，在有效应力基本不变的情况下，随着含水量的增减，土体发生了物理和化学变化。一般来说，风化后的土体胶结强度会下降，屈服应力比会减小，状态边界面向重塑土的方向移动。

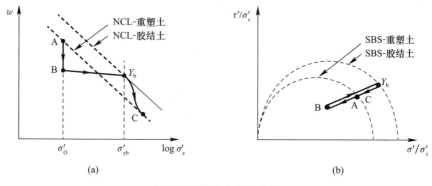

图 2.7　胶结土体的特性

2.7　孔隙水盐度的变化

细粒土的组构会受到水中盐度的影响，盐度的变化会使盐在土中析出和沉积。相较于淡水中沉积的黏土，在海水（盐水）中沉积的黏土通常是絮凝体的，并有较高的含水量。如果初始孔隙水的盐度降低，土体状态边界面会变小。

图 2.8（a）为同一种土在盐水和淡水中沉积后的 NCL 线，A 点为盐水沉积的正常固结土，随着时间的推移，因蠕变会导致土体状态从 A 点向 B 点移动，土体变为轻度超固结。若此时土体被加载，土体在 Y_s 点将屈服，屈服应力为 σ'_{ys}。随后，土体的状态将会向盐水中沉积土的 NCL 线移动。由于 $\sigma'_{ys} > \sigma'_b$，所以 B 点的屈服应力比大于 1。

土体在 B 点时，如果孔隙水的盐度降为零，NCL 线将向左移动。但由于土体仍保留着盐水沉积土的初始组构，如果此时土体被加载，将在盐水沉积土的 Y_s 处屈服，屈服应力为 σ'_{ys}，随后向淡水沉积土的 NCL 线上 C 点移动。图 2.8（a）中 Y_s 到 C 点的压缩与图 2.7（a）的胶结土体类似，尽管 B 处在淡水沉积土的 NCL 线之外，但此时 $\sigma'_{yf} < \sigma'_b$，B 处的屈服应力比小于 1。

图 2.8（b）为应力对于淡水沉积土临界应力 σ'_c 归一化后的应力路径，对应于图 2.8（a）

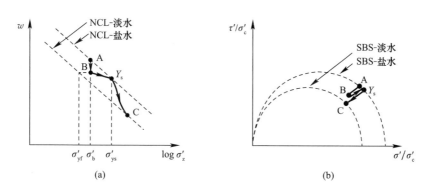

图 2.8　孔隙水盐度的影响

中 A→B→Y$_s$→C 加载路径。当土体孔隙水盐度为零，但还保持盐水沉积土的组构时，土体将会在 Y$_s$ 屈服，最终移动到淡水沉积土的状态边界面的 C 点处。注意，B 点是位于淡水沉积土状态边界面之外的。

2.8　本章小结

1. 地基中土体的应力状态主要取决于地质历史上的沉积和侵蚀，也会受到土体自身多种"老化过程"的影响。

2. 地基的"老化过程"主要是指蠕变、胶结、风化和孔隙水盐度的变化。

3. 地基"老化"可能会导致土体当前状态或状态边界面位置的变化。

第 3 章

地基勘察

3.1　引言

工程师在设计结构和机器时，会选择合适的材料并规定其强度和刚度，也可能会将材料进行组合形成复合材料，例如钢材和混凝土组成钢筋混凝土。公路工程师也会明确指出铺设公路需要的土石料。但是，岩土工程师是不能选定材料的，他们必须用现场的材料。因此，只能通过勘察明确地基的组成和工程特性。这便是地基勘察的首要目的。

地基勘察的基本技术，包括钻探、取样和测试试验。测试试验有原位试验和实验室室内试验两类。但是，光靠这些技术是不够的，还要有地质资料和相关土力学原理的正确理解。因此，地基勘察是地质学和工程学的结合，需要工程地质学家和岩土工程师互相配合。

地基勘察涉及的内容非常广，本章不可能都包括，而是作为一个学习的起点来介绍地基勘察中的基本问题。具体的勘察技术，不同国家、不同地域会有差别，也会因现场地基条件、传统惯例、合同程序及可用的设备和专业技能等有所不同。实验室测试和地基勘察程序在国家标准和规范中都有说明，英国的标准是 BS5930：1999。要结合所在地的相关标准展开勘察工作。克莱顿，西蒙斯和马修斯（Clayton，Simons & Matthews，1995）详细介绍了英国工程界的做法。

3.2　地基勘察的目标

当面对一个天然的悬崖或者基坑开挖面时，我们会看到一个地基断面；当我们面对其他场地时，你就会情不自禁地想象一下，挖下去的话会揭示出怎样的地基断面。地基勘察的一个主要内容是构建三维地质图，以便明确所有重要的岩层和土层的位置，受工程影响的和影响工程的区域都要包括在内。同时还包括对地下水的分类和鉴别。对主要岩层和土层的工程分类，要按土体特性和状态来确定，而不是按地质学中的地质年代。

要想回答需要钻多少个孔、钻多深、测试多少个土样这些问题，并不是那么简单。标准和规范会给出各种各样的建议值，而工程的设计和施工对安全和经济有很多方面的考虑，都要满足的话，地基勘察必须做得足够充分。加上难免会存在一些不确定性，设计上就会更保守些，建造成本也会随着增加。因此，需要在增加勘察费用和节省整个建设成本之间取得平衡。这实际上是风险分摊的问题。

图3.1是一个简化的沿道路中心线的剖面图（横、纵坐标的比例不同）。其中包含了由钻孔和其他方法揭示的土层信息，并进行了一定程度的简化。因此可以看到有多个具有不同特性的土层，并用相对平滑的曲线画出了土层分界线。实际的地基中，每一层土在水平方向和竖直方向都可能会有些变化，土层之间的边界线也是不规则的。图3.1仅为沿道路中心线的土层剖面图，完成地基勘察后，可以绘制出多个这样的剖面图。包括道路的横剖面和道路两侧的剖面等。

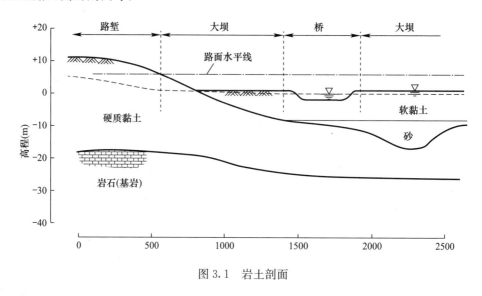

图 3.1　岩土剖面

图3.1所示的剖面与地质过程所形成的土层沉积顺序相类似。根据土层的沉积环境和地质历史，可以粗略估计各土层的性质和状态。例如，软黏土和硬黏土的级配和矿物组成相同（两者性质相同），但含水量不同（状态不同）；软黏土是正常固结或轻微超固结土，而硬黏土是重度超固结土。

图3.1中的每一个主要土层，都应给出相应的强度、刚度和渗透性等参数值。这些值来自实验室室内试验或原位试验。对于每一层土体，这些值可能是常数，也可能随深度变化而变化。一般来说，土体的强度和刚度会随深度增加。具体要确定哪些土体参数，则主要取决于地基条件与所设计建造的结构类型。土体的工程特性（如强度和刚度）与其材料性质和状态之间的关系，将在第4章讨论。

在进行地基勘察之后，可以获得每层土体的下列信息：

1. 根据土体的材料性质（级配和可塑性）和状态（应力和比容或超固结系数）可得到土层的工程描述和分类；

2. 明确不同土层间边界的位置，可沿任一方向绘出图3.1所示的剖面图；

3. 土体沉积时的地质环境以及随后的沉积、侵蚀、风化和"老化"的过程；

4. 土体组构和构造的可视特征的描述（例如分层、裂隙和节理）；

5. 与工程设计施工相关的土体强度、刚度和渗透性特征值。

还有一定要确保全面了解了地下水的情况。一位非常有经验的岩土工程师，一定是了解清楚了在什么样的土和地下水中开挖后，才会开始施工挖掘。

3.3　规划和勘察

由于工程师在地基勘察之前并不知道地基条件如何，所以无法选择最优的勘察方法，很难决定地基勘察的工作量，也不能对地勘进行完整的规划。因此，必须分步进行地基勘察，前一个阶段获得的信息将有助于下一个阶段工作的展开，每个阶段都需要在已有信息基础上进行规划。目前在英国，地基勘察通常作为单一合同来对待，合同中会有具体的规定和工程量清单，这样的做法导致在进行规划时出现问题，也给后续工作的展开增加了难度。

地基勘察一般分为三个阶段。这些阶段没有严格的界限，可能会重叠，也没有严格的顺序，每个阶段都可能会根据实际情况进行调整。

1. 案头调研

是指调研现有的纸质或电子资料。这些资料主要来自：地形地质图及剖面图、地质报告以及当地权威的相关记录。其他资料来自：航空照片、历史档案以及该场地及其附近已有的勘察报告。通常，经验丰富的岩土工程师和工程地质人员，通过案头调研可以大致了解该区域主要的土层状况，进而规划和开展后续的勘察工作。

2. 初步勘察

初步勘察与案头调研不同，初步勘察的工作地点在工程现场，但不涉及钻探、取样和测试等工作。其目的是确认或修正案头调研的结果，并进一步补充信息。这些信息来自工程地质剖分详图，而且最好是由岩土工程师和工程地质勘察人员合作完成的，或是由有经验的工程地质勘察人员完成的。在初勘阶段，可能会用到坑探、触探或探索性的钻探以及如振动、电阻和其他地球物理探测手段。

3. 详细勘察

详勘阶段主要涉及钻探、取样以及室内和原位试验。要绘制更详细的工程地质剖分图，进行地下水及化学方面的测试，还有其他必需的勘察工作。完成详勘所需成本较高，所以要做好详勘的规划，以最有效的方式完成详细勘察。因此需要从案头调研和初步勘察结果中汲取一些有价值的信息。

3.4　坑探、钻探和取样

地基勘察的标准方法是对地基土进行开挖和取样，并进行原位试验和室内试验。其中，开挖通常通过钻探完成，也可以通过坑探进行。

1. 坑探

坑探属于开挖的一种，岩土工程师或工程地质师能够进到探坑内现场查看土层剖面。坑探可以用钻孔桩施工的大型钻机开挖，也可以用挖掘机或人工方式开挖。因为垂直或陡峭的开挖面会不稳定，所以在勘察人员进入前，必须对探坑做好支护。

2. 钻探

地基中钻孔技术种类很多。主要的钻孔方法如图 3.2 所示。若钻孔较浅，可以采用人工螺旋钻的方式钻探；大直径的螺旋钻需要通过机械施钻，这种钻机也用于施工钻孔桩；冲洗钻探用于由砂土和砾石组成的土层中；回转钻进主要用于岩层中。在英国，轻型冲击钻被广泛使用，经常会在现场看到传统的三脚架。

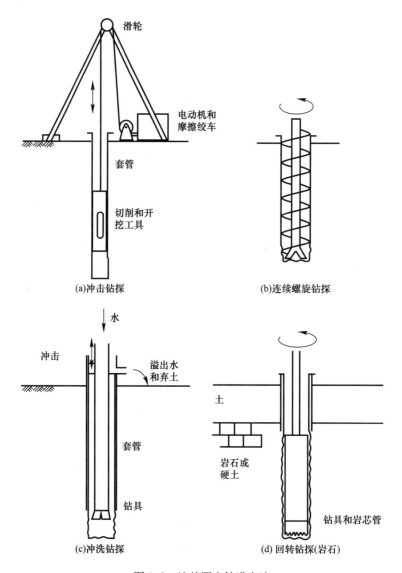

图 3.2 地基调查钻进方法

在硬质黏土和岩石中，钻孔一般不会发生塌陷；但在软土，尤其是粗砂中，必须采取措施来保证钻孔的稳定。通常，钻孔可用水或膨润泥浆来护壁，并防止对钻孔底部下方的干扰。

3. 取样

通过坑探或钻孔可以得到扰动或原状土样，即扰动或非扰动土样。实际上，没有土样是完全不被扰动的，原状取样也只能说是扰动最小的土样。扰动土样主要用于土体的描述和分类指标，或用于重塑土样制备。可通过室内试验确定土体的特性。原状土样，可通过锯或刀在探坑底部或侧面切出，也可将取土器推入钻孔底部后取出。取土器种类较多，图 3.3 (a) 和图 3.3 (b) 是英国较为常用的取样管。

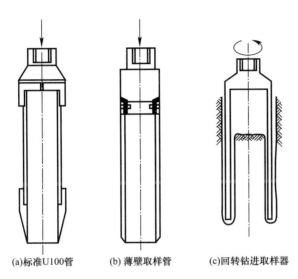

(a)标准U100管　　(b) 薄壁取样管　　(c)回转钻进取样器

图 3.3　钻孔中取样方法

图 3.3 (a) 是英国最常用的取样管 U100，该取样管直径为 100mm，固定在刃脚和取样器头部，刀头壁较厚，为 6~7mm。图 3.3 (b) 为薄壁取样管，壁厚为 1~2mm，其切刃通过机械加工而成。这两种取样器在软硬黏土中均可使用。通过回转钻进在（岩）芯样周围环形切割也可获得完整的岩芯，如图 3.3 (c) 所示。回转钻进过去常用于岩层，现在也可用于硬黏土取样。

3.5　原位试验

除了实验室的室内试验外，原位试验也可以测定土体强度、刚度和渗透性。原位试验可以分为触探试验、载荷试验和渗透试验。

1. 触探试验

触探试验是将圆锥形探头击入或压入地基中，通过记录贯入阻力，进而估算土体的强度和刚度。图 3.4 (a) 所示的标准贯入试验，是用标准锤将实心圆锥或厚壁管贯入到钻孔底部。到达标准贯入深度时，得到锤击次数 N，N 值从 1~50 以上，N 随相对密实度或超固结比的增加而增加。

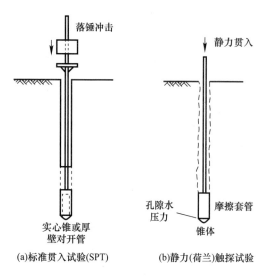

图3.4 触探试验

图 3.4（b）为静力（荷兰）锥贯试验示意图，锥体被稳定地从地表压入地基内，贯入阻力也被连续记录下来。大多数静力触探仪的锥体后面有一个套筒，可以量测到摩擦阻力或剪切阻力。一些新式的触探头（测孔隙水压触探头）还可以量测到锥体尖端或肩部处的孔隙水压力。米格（Meigh，1987）给出了静力触探试验数据的解译方法，这些方法多是源自试验参数与土体特性之间的经验关系。

2. 载荷试验

原位试验中的载荷试验，可通过控制对土体加载测到土体的应力和变形。加载至极限荷载时，土体变形较大。土体所能承受的极限载荷与土体强度有关，荷载和位移之间的关系则与土体刚度有关。平板载荷试验可在地表或钻孔底部进行，如图 3.5（a）所示。可以测到平板所受的载荷 F 及沉降量 ρ。平板试验的分析方法与第 5 章中讨论的基础设计方法类似。

图 3.5（b）是十字板剪切试验，它常用于测量不排水强度 s_u。将具有四个翼片的十字板从地表或钻孔底部压入地基中，旋转十字板，测定旋转扭矩 T。在极限状态下，包含十字板在内的圆柱状土体的剪应力为：

$$T = \frac{1}{2}\pi D^2 H\left(1+\frac{1}{3}\frac{D}{H}\right)s_u \tag{3.1}$$

s_u 值可以根据测到的扭矩值计算出。如果继续旋转十字板，土体强度将会减小到残余强度。

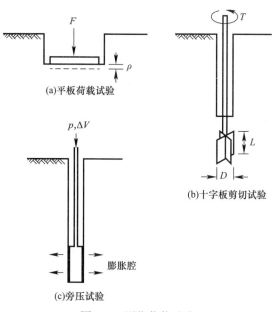

图 3.5 原位荷载试验

图 3.5（c）是旁压试验，通过柔性圆柱体的扩张，可以测到腔体内流体压力和体积的变化。高质量的旁压仪可以直接测到径向位移（而非体积变化）和孔隙水压力。旁压仪可以安装在预钻孔中，也可通过自钻设备钻入地基中，对地基扰动较小。旁压试验的量测结果可用于计算土体的强度、刚度和原位水平应力 σ_h。梅尔和伍德（Mair & Wood, 1987）给出了旁压试验的分析方法。

3.6　地下水及地基渗透性的勘察

明确地下水的条件，是地基勘察中必不可少的。它包括：明确当前的静态孔隙水压力和施工后最终的静态孔隙水压力。如果工程中涉及渗流，无论土体是处于稳定渗流状态还是固结过程中，工程师都需要明确渗透系数的数值。

孔隙水压力可以通过钻孔中的测压管水位来确定。需要注意的是，如果在地下水水位或潜水面以下的饱和黏土中钻孔，那么地表附近的钻孔在相当长的一段时间内会保持干燥。这是因为黏土的渗透性小，地下水需要较长的时间才能从黏土中流出并充满钻孔。因此，这种方法仅适用于渗透性相对较高的土，通过观察测压管可获得孔隙水压力和地下水渗流条件。对于渗透性低的土，需要使用特殊的测压计（即用于量测孔隙水压力的仪器）。因此，对地下水条件的分析，必须是合理的、自洽的，必须与土体和区域的水文地质条件相符。

砂土渗透系数 k 可以通过原位抽水试验得到。对于粗颗粒土体，很快就可以达到稳定渗流状态。图 3.6（a）中流向抽水井的渗流是稳定的，距抽水井中心线 r 处的位置水头为 P，根据达西定律，单位时间抽出的水流量 q 为：

$$q = Aki = 2\pi rPk\frac{\mathrm{d}P}{\mathrm{d}r} \tag{3.2}$$

即：

$$\frac{\mathrm{d}r}{r} = \frac{2\pi k}{q}P\mathrm{d}P \tag{3.3}$$

潜水面的水力梯度理论上为 $\mathrm{d}P/\mathrm{d}s$，而 $\mathrm{d}P/\mathrm{d}r$ 是有足够精度保证的近似值。将式（3.3）在两测管间（r_1 处的 P_1 和 r_2 处的 P_2 之间）积分，可得到式（3.4）：

$$\ln\left(\frac{r_2}{r_1}\right) = \frac{\pi k}{q}(P_2^2 - P_1^2) \tag{3.4}$$

因此，k 可通过抽水的流速 q 和位于不同半径处的测压管中的水头得到。

细颗粒土（例如黏土）需要经过一段时间才能达到稳定渗流状态。在抽水试验期间，会同时伴随着土体的固结或膨胀。图 3.6（b）中，具有恒定超静孔隙压力的水流，从半径为 r 的球腔中流出，恒定水压为 $\bar{u} = \gamma_w\bar{h}_w$。则任意时间 t 的流速为：

$$q = 4\pi rk\bar{h}_w(1 + \frac{r}{\sqrt{\pi c_s t}}) \tag{3.5}$$

其中，c_s 为球形土体的固结系数（类似于一维渗流的 c_v）。经过无限长时间后，土体会达到稳定渗流条件，将 $t=\infty$ 代入式（3.5）中，可得：

$$q_{\infty} = 4\pi r k \bar{h}_{w} \tag{3.6}$$

通过绘制 q 与 $1/\sqrt{t}$ 的关系图，如图 3.6（c）所示，可以大致确定 q_{∞} 的值。最终，可通过式（3.6）得到 k 的值。若图 3.6（b）中的腔体不是球形，则须用与几何形状相关的放水系数 F 替代式（3.6）中 $4\pi r$ 项。

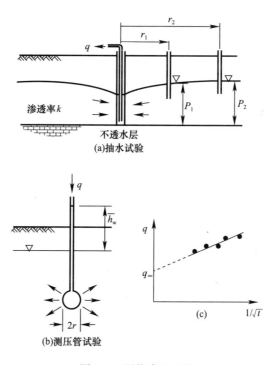

图 3.6 原位渗透试验

3.7 地基勘察报告

一般来说，地基勘察的结果会通过两种不同类型的报告加以记录。

1. 客观性报告

客观报告主要描述地基勘察的过程和发现，对地基勘察的发现不做任何说明和解译。该报告包含对地基勘察的内容、方式、地点和人员的文字描述，并总结案头调研、现场勘察以及原位和实验室试验的原始结果。

钻探和取样操作的基本信息含在钻孔柱状图中（坑探也有类似的日志图）。典型的钻孔柱状图如图 3.7 所示，它是经过理想化和简化处理的，便于描述钻孔记录到的土层的主要特征。顶部栏记录了日期、时间、地点、钻探方法和其他基本信息。图例栏用图的形式区分了主要地层，并在旁边给出了文字描述，左侧是深度和高程，右侧记录取样的情况、地下水观测结果和所进行的原位试验的情况。不同的地基勘察公司可能会使用不同的钻孔记录表，但基本信息大致相同。图 3.7 是图 3.1 剖面图中 2250m 处的钻孔记录（鉴于已对现场的基本地质情况有所了解，如果是你来绘制图 3.1 那样的剖面图，你还需要多少个钻孔记录呢?)。

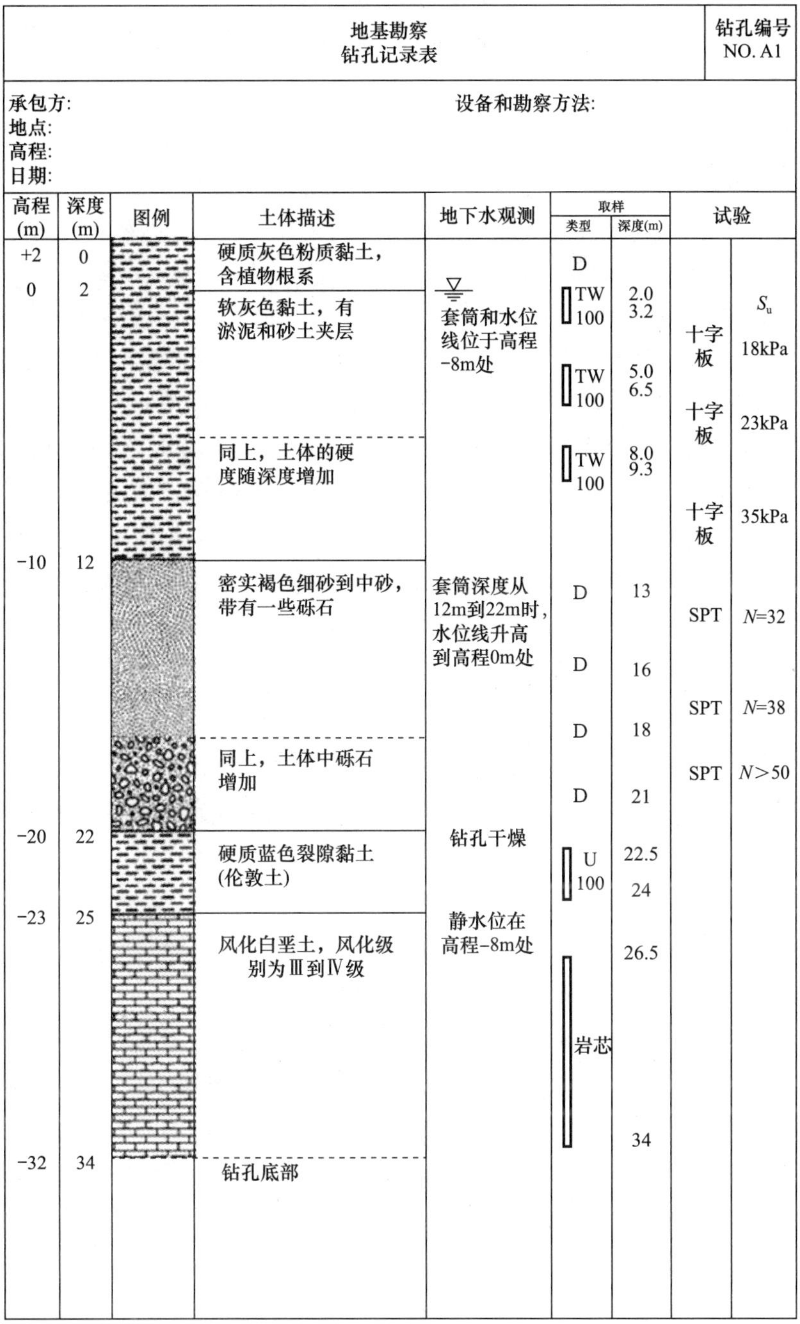

地基勘察 钻孔记录表								钻孔编号 NO. A1
承包方: 地点: 高程: 日期:				设备和勘察方法:				
高程 (m)	深度 (m)	图例	土体描述	地下水观测	取样		试验	
					类型	深度(m)		
+2 0	0 2		硬质灰色粉质黏土，含植物根系	▽ 套筒和水位线位于高程−8m处	D TW 100	2.0 3.2	十字板	S_u 18kPa
			软灰色黏土，有淤泥和砂土夹层		TW 100	5.0 6.5	十字板	23kPa
			同上，土体的硬度随深度增加		TW 100	8.0 9.3	十字板	35kPa
−10	12		密实褐色细砂到中砂，带有一些砾石	套筒深度从12m到22m时，水位线升高到高程0m处	D	13	SPT	$N=32$
					D	16	SPT	$N=38$
					D	18	SPT	$N>50$
			同上，土体中砾石增加		D	21		
−20	22		硬质蓝色裂隙黏土（伦敦土）	钻孔干燥	U 100	22.5 24		
−23	25		风化白垩土，风化级别为Ⅲ到Ⅳ级	静水位在高程−8m处		26.5		
					岩芯			
−32	34		钻孔底部			34		

图 3.7 钻孔柱状图（记录表）

D—钻探；TW—薄壁取样管；U—标准取样管

2. 解译报告

解译报告可以包含客观性报告中的所有信息，也可以针对单一客观性报告。但是，分析报告要从地质学和工程学的角度对勘察结果给出解译和分析。一个完整的解译报告应包括详细的工程地质图和剖面图，且要以三维的形式全面给出现场的工程地质和水文地质条件。此外，解译报告还应给出设计中要用到的土层参数值，要给出地基中主要土层和岩层的强度、刚度和渗透系数等设计的建议取值（这些参数值应与方案中的结构设计要求和所建议的分析方法有关）。

3.8　本章小结

1. 任何岩土工程都需要通过地基勘察来确定土体条件。地基勘察的主要目的是发现并确定所有主要土层和岩层的分布，估计其强度和刚度的设计值，并明确地下水条件。

2. 一般来说，地基勘察应分阶段进行，包括案头调研、初步勘察和详细勘察等阶段。其中，详细勘察包括坑探、钻孔和取样以及原位试验和实验室试验。

3. 通常，可以根据土体沉积、侵蚀和地下水变化的地质历史，对地基的状态和不排水强度做出合理的估计（第4章），但是这些估计值也需要结合土体的微观结构和"老化"情况进行修正（第2章）。

4. 地基勘察的结果体现在客观性报告和解译报告中。客观性报告主要记录每个钻孔的细节以及原位试验和实验室试验的程序和结果。而解译报告应包括所有主要土层和岩层的剖面图、设计参数的建议值以及可能的基础设计方案。

5. 完成地基勘察后，应提供以下信息：

（1）包含每个主要地层分布和地下水条件的剖面图和平面图。

（2）主要地层列表。包括：基于分类试验对每层土体或岩体的性质和状态进行的描述；对地基沉积环境和后续地质事件的描述。

（3）对地下水条件的完整描述。

（4）设计所需要的岩土体参数值：包括强度、刚度和渗透性（或固结）等参数，这些参数值要与地基条件及要建设的工程相适应。

（5）关于不确定性的说明（少量的钻孔和试验结果，无法得到地基的所有信息）。

6. 将土体本征参数和地基剖面（含有土的分类试验和地质历史）联系起来，看似简单但很有用，尤其是在初步设计阶段。但是，单靠土体分类试验来选择最终的设计参数是不够的，还需要对土体的基本力学性能有更多的了解，因此，必须进行更全面的地基勘察，包括详细的实验室试验和原位试验。

第 4 章

岩土的设计参数

4.1　引言

本书后续章节将介绍如何利用土力学理论，包括土体的强度、刚度和渗透性来分析基础、边坡、挡土墙和隧道的特性。这些分析有基于经验的，也有需要手算的，还有需要进行复杂的数值分析的。无论哪一种方法，都需要输入设计参数值，既包括荷载和土体的设计参数值，也有安全系数和荷载系数这些值。对于边坡、基础和挡土墙来说，用到的土体参数和系数并不相同，此外，不同的分析方法参数取值也不同。本章将简要给出设计参数和系数选用的基本原则。

通过有限单元或其他类似方法进行复杂的数值分析时，需要建立数值模型来描述地基的特性，比如剑桥黏土模型。剑桥黏土模型中用到的参数是临界状态参数，相对比较简单。其他数值模型通常需要用到一些特定参数，本书不作讨论。

岩土是矿物或黏土颗粒堆积形成的松散或密实的集合体。颗粒与颗粒间的胶结和组构使得土体具有一定的结构性。岩土体参数中，有一些仅与土体颗粒性质相关，这类参数称为材料参数；还有一些是与土体的状态有关，称为状态参数。岩土体的结构也会影响到土体参数。

岩土体参数可以通过室内试验或原位试验获得，也可以根据岩土的分类指标（基于土体性质和状态的）进行估计。天然地基中，空间距离很近的岩土，土性差别也会很大。室内的重塑土样，即便是相同的，也会因测试条件的微小差异导致试验结果有很大不同。可见，用于确定单个参数值的任一组样本，都具有统计差异性。在确定设计参数值时，必须考虑这种差异性。

4.2　设计原则

工程师所设计的结构需要满足安全、适用和经济的要求：结构既不能坍塌，也不能有较大的位移或变形，造价还要在合理范围之内。而且需要用不同的方法来分析，以确保满足这些要求。即便是针对特定类型的结构，一般也需要进行这种设计程序。

图 4.1 是结构荷载和位移关系示意图，同样可用于边坡、基础、建筑框架结构或机械部件。结构处于承载力极限状态时，所承受荷载为 q_c，此时位移非常大，结构会坍塌；当荷载为 q_s 时，结构处于安全状态，位移较大，但是不会坍塌。安全系数定义为：

$$q_s = \frac{1}{F_s} q_c \tag{4.1}$$

但是，也有一些特例，这些特例通常与开挖相关，是希望土体垮塌。此时，对安全系数而言，作用在土体上的荷载应该大于破坏荷载。也就是说，在基坑或隧道开挖时，挖掘机的马力不够是不行的。

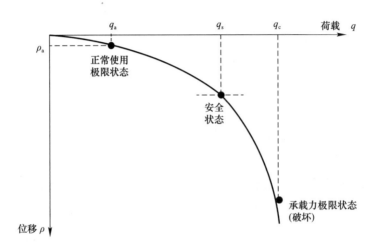

图 4.1 结构荷载和位移关系

结构处于正常使用极限状态时，结构的容许位移 ρ_a 很小，此时荷载系数为：

$$q_a = L_f q_c \tag{4.2}$$

可见，容许承载力 q_a 所引起的位移要小到可接受。安全系数和荷载系数都是设计参数，应由设计者进行选用。后续章节将讨论这两个设计参数在不同结构中如何取值。需要注意的是安全系数的取值应大于 1，而荷载系数则在 0 到 1 之间。

有些结构，如位于非城区的边坡，位移相对较大，但不会引起结构的破坏，也不会对周围结构有影响。这样的结构设计是由承载力极限状态控制的，考虑安全系数即可。此时，重要的设计参数是岩土体强度，必须在峰值强度、临界状态强度和残余强度中选定一个。安全系数取值时，要确保远离承载力极限状态（图 4.1）。

有些结构设计（如基础）是由正常使用极限状态控制的。这些结构，不允许有过大的位移，也就是说，位移不会大，结构也不会达到承载力破坏。在岩土工程的设计中，限制位移有两种不同的方法：一种是荷载系数法，给承载力 q_c 乘上一个荷载系数 L_f；另一种是刚度法，由岩土刚度和所施加的荷载计算位移。不管应用哪种方法或使用哪个系数，都要考虑它的不确定性。后续章节将介绍边坡、基础和挡土墙设计采用的方法以及相应的参数。

4.3　岩土的描述和分类

首先，应仔细地描述岩土体性状，并对其进行分类。分类时，最重要的是区分：岩土的材料性质、岩土的级配（是粗粒土还是细粒土）和土的状态（是松散的还是密实的），后两者尤为重要。土的材料性质可以通过观察扰动土样获知，但是用于测试土的状态的土样是不能受过扰动的。

区分粗粒土和细粒土很重要，因为只有基于此才能判断是排水还是不排水，即是按有效应力还是总应力进行分析。粗细颗粒土的区分基于工程判断即可，没有硬性的规定。可以绘制级配曲线，并重点关注累积重量百分比为 35% 时对应的颗粒粒径。对于粗颗粒土，要检查可见颗粒，并描述它们的形状（圆形、有棱角、长条形、片状）以及表面质地（粗糙或光滑）。对于细颗粒土，需要测量 Atterberg 界限（液限和塑限）。这些都可以用来描述颗粒的性质，进而可对材料参数做出估计。

其次，要确定土的状态。但这并不容易，因为土的状态是含水量和应力的综合体现，和临界状态参数有关。当把土样放在手中时，土的总应力为零，有效应力由吸力控制。正是由于吸力的存在，手上的土体才可以保持块状。地基中靠近上部结构的土体，与手中的土样相比，有效应力是不同的。确定土的状态时，需要确定土体的含水量和重度，并以此计算比容。测到 Atterberg 界限后，可以计算出液性指数。如果是粗粒土，还要确定土体的最大和最小堆积密度，并计算相对密实度。

确定土的结构，是针对非扰动土样或原位土来说的，需要观察土样或原位土的层理和裂隙，还要将一小部分土样放入水杯中，观察土颗粒的胶结或分散情况。

4.4　排水、不排水和固结分析：总应力或有效应力参数

对土体而言，区分排水和不排水非常重要。排水分析是采用有效应力和孔隙水压力进行的，不排水分析采用总应力指标。土体加卸载时，要仔细区分哪些是排水的哪些是不排水的。排水条件下，孔隙水压力要么是不变的，要么会从一个稳定状态到另一个稳定状态，但都是可以明确得到的。不排水条件下，土的含水量是不变的，孔隙水压力是变化的，且这种变化是未知的。不排水条件下的饱和土，总体积是不变的。

土体加载和卸载过程是排水还是不排水，取决于加载速率以及排水速率，也涉及其他因素，如渗透性等。表 4.1 给出了不同粒径土体的渗透系数的取值范围，表 4.2 给出了常见工程的施工周期。由表可知，其中的差异还是很大的。

土体渗透系数取值　　　　　　　　　　　　　　　　表 4.1

土体类型	k（m/s）
砾石	$>10^{-2}$
砂土	$10^{-2} \sim 10^{-5}$

续表

土体类型	k（m/s）
粉土	$10^{-5} \sim 10^{-8}$
黏土	$< 10^{-8}$

工程施工时间尺度 表 4.2

工程类别	时间尺度
振动（地震，打桩）	$< 1\mathrm{s}$
海洋中的波浪	$10\mathrm{s}$
开挖沟槽	$10^4 \mathrm{s} \approx 3$ 小时
小型基础加载	$10^6 \mathrm{s} \approx 10$ 天
大型开挖	$10^7 \mathrm{s} \approx 3$ 个月
土石坝	$10^8 \mathrm{s} \approx 3$ 年
自然侵蚀	$10^9 \mathrm{s} \approx 30$ 年

1）排水加载：有效应力参数

如果土体由粗颗粒组成且渗透性相对较大，或者加载速率相对较慢，施工周期内地基发生排水，这种情况称作排水加载。排水加载时，孔隙水压力是不变的，可以通过地下水位或稳态渗流流网得到。根据孔隙水压力就可以求出土体的有效应力。这就是有效应力分析，相应的参数就是有效应力参数。典型的有效应力参数包括临界状态摩擦角 φ'_c 以及体积模量 K'。

2）不排水加载：总应力参数

如果土体是由细颗粒组成且渗透性相对较小，或者荷载加载速率相对较快，在施工周期中是不排水的，这种情况称作不排水加载。在不排水加载过程中，孔隙水压力是未知的，但是饱和土体体积不会发生变化。由于孔隙水压是未知的，因而只能得到土体的总应力，这就是总应力分析，相关的参数称为总应力参数。典型的总应力参数包括不排水抗剪强度 s_u 以及不排水杨氏模量 E_u。在饱和土中，由于体积没有发生变化，所以其不排水体积模量 K_u 是无穷大的，不排水泊松比 ν_u 恒定为 0.5。

3）固结

不排水加载时，结构附近区域土体的孔隙水压力会发生改变，但远离建筑的土体孔隙水压力不会受到影响。也就是说，在不排水加载之后，在各处孔隙水压力达到平衡之前，地基中一直有水力梯度和渗流。这会导致有效应力发生改变、地基发生位移。这一过程称为固结。可见分析由固结引起的位移时，还需要确定土体固结参数。

在大多数工程中，土体加载或卸载过程既不是完全排水的，也不是完全不排水的。施工期间，有一些是部分排水的，孔隙水压力也会改变。对于这种部分排水问题，需要用复杂的耦固结分析来解决。对于一般的岩土设计，要么看成完全排水问题，采用有效应力进行分析；要么看成完全不排水问题，采用总应力进行分析。在某些情况下，可能两种加载方式都需要考虑。

4.5　极限状态：临界状态强度、残余强度以及安全系数

工程设计最基本的要求，是校核承载力极限状态，并确保结构有足够的安全容余不会发生失效。这些分析不需要考虑位移。

图 4.2 是土体排水剪切试验中具有代表性的土体特性曲线。土的强度是其在不同剪切状态下产生的剪应力。峰值强度发生在土体产生 1% 的剪切应变时，此时存在体积应变；临界状态强度发生在应变约为 10% 时，此时土体的应力和体积都不变，形变继续增加。对于黏土，还存在残余强度，对应着更大的变形。黏土含量较少的土体，残余强度和临界状态强度是相同的。图 4.2 是排水试验的结果，在不排水试验中，剪应力、孔隙水压力和应变或位移也存在类似的关系，至少到临界状态是一致的。现在的问题是，这三种强度（峰值强度、临界状态强度和残余强度）中的哪一个应该用作设计参数。

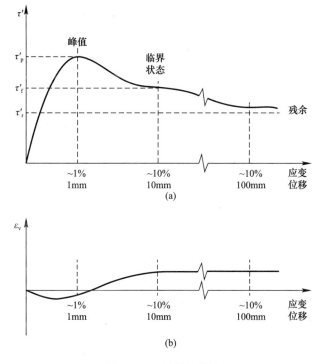

图 4.2　土的剪切特性

1）残余强度

在土体发生很大的变形后，其剪切强度是残余强度 τ_r'。对排水加载，残余强度由下式给出：

$$\tau_r' = (\sigma - u)\tan\varphi_r' \tag{4.3}$$

其中，残余摩擦角 φ_r' 是材料参数。

图 4.3（a）给出的是击入地基的桩。桩上的荷载，一部分通过桩侧壁和土之间的剪应

力传入土中。在桩击入地基的过程中，桩和土体之间产生了较大的位移，因此，桩侧壁和土之间的极限剪应力应由土的残余强度控制。如果土和桩之间的位移较小，极限剪应力由桩土界面的剪切作用控制。图 4.3（b）是一个古滑坡，靠近表面的土体已经沿着已存在的滑移面开始下滑。在边坡稳定性分析中，这种滑移面上的土体极限剪应力由残余强度控制。

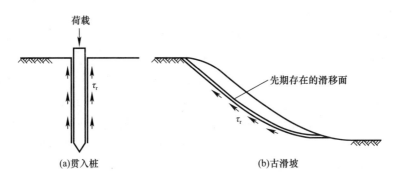

(a)贯入桩　　　　　　　　　　(b)古滑坡

图 4.3　极限剪应力是残余强度的情况

由于黏土的残余强度比临近状态强度和峰值强度小很多，因此，对地基中先期存在的滑移面的勘察非常重要。但是，古滑坡的发现还是比较困难的，地貌随地质时间的变化加上植被，很容易掩盖滑动迹象。

2）临界状态强度

如图 4.2 所示，当发生较大应变时（约 10%），土体会达到临界状态强度。还需要更大的应变和位移发生，土体强度才会降至残余强度。因此，大多数情况下，设计中会选用临界状态强度作为设计参数，来考虑最不利情况。只有在黏土中，已明确存在有滑裂面或预期会发生很大变形，才会考虑采用残余强度进行设计。

应变达到 10% 后，可调动的剪应力来自临界状态强度 τ'_f。对于排水加载，临界状态强度由式（4.4）给出：

$$\tau'_f = (\sigma - u)\tan\varphi'_c \qquad (4.4)$$

其中，临界摩擦角 φ'_c 是材料参数。对于不排水加载，临界状态强度由式（4.5）给出：

$$\tau_f = s_u \qquad (4.5)$$

其中临界不排水强度 s_u 取决于土体含水量，所以临界不排水强度是一个状态参数。

图 4.4 是在设计中采用土体临界状态强度作为设计参数的两类情况。图 4.4（a）中，

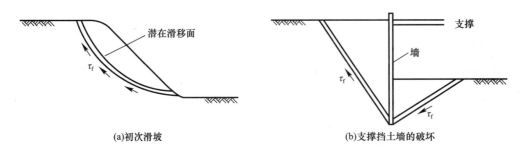

(a)初次滑坡　　　　　　　　　　(b)支撑挡土墙的破坏

图 4.4　临界状态强度作为设计参数的案例

边坡潜在滑裂面上的剪应力是由临界状态强度控制的，这是因为即便在稳定的边坡中，土体的应变也有可能超过 1%。图 4.4（b）中，带支撑的直立挡土墙的极限状态应当采用临界状态强度进行校核。

3）安全系数

一个安全的设计必须要保证有足够的安全储备，这可以通过引入安全系数 F_s 来实现。土体中安全的剪应力 τ_s' 或者 τ_s 由式（4.6）和式（4.7）给出：

$$\tau_s' = \frac{\tau'}{F_s} = (\sigma - u)\frac{\tan\varphi'}{F_s} \tag{4.6}$$

$$\tau_s = \frac{\tau}{F_s} = \frac{s_u}{F_s} \tag{4.7}$$

其中，φ' 和 s_u 是相应的残余或临界状态强度。安全系数的选取受很多因素的影响，包括土体强度的不确定性以及结构失效的后果等。

需要注意的是，式（4.3）和式（4.4）中，土体强度不仅取决于摩擦角，还取决于总应力（总应力受重度 γ 和地基所承受的外部荷载影响）和孔隙水压力。它们的不确定程度是不同的，为此，有的工程师会对每一项都考虑一个分项系数。

4.6　正常使用极限状态：荷载系数与峰值强度

工程设计进一步的要求，是校核结构的正常使用极限状态，保证结构的位移不会超出设计限值。在岩土工程中，正常使用极限状态的设计有两个主要的方法，其中一个是在进行破坏荷载分析时考虑适当的荷载系数。那么面临和前面承载力极限状态分析一样的问题：分析破坏荷载时应该采用峰值强度还是临界状态强度。

显然，临界状态强度是不适用来进行正常使用极限状态设计的，因为如果选择临界状态强度，将意味着松砂和密砂中或正常固结黏土和超固结黏土中设计的结构没有任何差别，这显然不符合逻辑。密砂的刚度要大于松砂，要发生相同的位移，密砂上的荷载会更大。超固结和正常固结土亦如此。

图 4.5（a）给出了土体成分组成相同的两个试样的三轴压缩试验结果：达到峰值之前，不排水和排水试验得到的特性曲线相似（注意：三轴试验中的 $q = (\sigma_a' - \sigma_r')$ 与加载使用的 q 符号相同）。试样 2 相较试样 1 而言，其状态在半对数压缩平面上更远离临界状态线，所以试样 2 的超固结比更大，峰值强度值大于试样 1。两个试样达到峰值强度时的应变 ε_p 相近，对于大多数情况，ε_p 大约为 1%。可以采用给峰值强度加一个荷载系数的方法，将三轴试验中的应变限制到 ε_a，这个荷载系数为：

$$L_f = \frac{q_{a_1}}{q_{p_1}} = \frac{q_{a_2}}{q_{p_2}} \tag{4.8}$$

这两种情况下的荷载系数相等，这是因为，两种情况下的应力-应变曲线几何上相似。

假定同一上部结构作用在图 4.5（a）所示的两种不同特性的地基土上，图 4.5（b）

给出了结构的反应。荷载用 q 表示，位移 ρ 通过除以一个特征尺寸 B 归一化。破坏荷载为 q_c，对应的位移为 ρ_c。在荷载到达失效点前，两条荷载-位移曲线是相似的，并且与土的三轴压缩试验中的应力-应变曲线相似。失效之后，两条荷载-位移曲线的变化趋势不再相同。

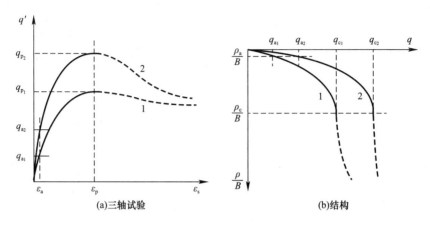

图 4.5 土体三轴试验和地基结构的力学行为

如果所设计结构的容许位移是 ρ_a，相应的容许荷载是 q_a，则荷载系数为：

$$L_f = \frac{q_{a_1}}{q_{c_1}} = \frac{q_{a_2}}{q_{c_2}} \tag{4.9}$$

由于两者的荷载-位移曲线几何相似，这两种情况的荷载系数也是相同的。

需要强调的是，上述定义的荷载系数并不是安全系数。荷载系数是用来将破坏荷载减小到所发生位移较小的那个荷载点的。安全系数是用于承载能力极限状态的系数，而荷载系数是用于正常使用极限状态的系数。需要说明的是，可以采用其他附加系数来考虑选定参数值的不确定性，尤其是土体强度，可以采用均值或最差可信值。

4.7 正常使用极限状态：土的刚度与设计荷载

由结构方面的课程可知，通过结构上承受的荷载和弹性参数可计算出弹性梁、框架、筒体和板的位移。类似的方法可以用于计算地基的位移。这些计算，通常较为复杂，但是对于地基基础问题来说，还是有一些弹性解析解的，将在 5.8 节中讨论。

这类计算涉及的参数，一般是杨氏模量 E 和泊松比 υ，其他刚度参数有剪切模量 G、体积模量 K 以及一维压缩模量 M。在选择所用设计参数值时，必须要区分排水加载和不排水加载。排水加载的 E' 和 ν' 是通过排水三轴试验得到的；不排水加载的 E_u 是通过不排水三轴试验得到的，且泊松比 $\nu_u = 0.5$（因为体积应变为 0）。对弹性材料来说，$G' = G_u$，由此可以导出其他排水和不排水加载下的模量关系（第 5.9 节）。

此外，还需要认识到土体的刚度是高度非线性的，是随应力和应变变化的，因而有必要选择与土体应变相适应的刚度值。在极小的应变下，杨氏模量为 E_0 可通过 G_0 得到，G_0 可从动力试验或是原位试验测量中得到，G_0 也是随应力状态变化的。通过割线模量可一步得到分析结果，通过切线模量则要迭代多步才能得到。图 4.6 (a) 是土样三轴试验的应力-应变非线性曲线。纵轴是 $q=(\sigma_a-\sigma_r)$，横轴是轴向应变，斜率是杨氏模量。如果试验是在排水条件下进行的，则斜率为 E'；如果是在不排水条件下进行的，则斜率为 E_u。在试验某阶段的 A 点，割线模量为：

$$E_{sec} = \frac{\Delta q}{\Delta \varepsilon_a}$$ (4.10)

相应的切线模量为：

$$E_{tan} = \frac{dq}{d\varepsilon_a}$$ (4.11)

其中，Δ 表示从试验开始应力或应变的变化。对简单的分析来说，通常采用割线模量法，这种分析是将荷载一步加到地基上。图 4.6 (b) 是割线模量以及切线模量随应变变化的曲线，其中刚度通过除以 E_0 得以标准化，与图 4.6 (a) 的应力-应变曲线对应。在临界状态点 F，应变约为 10%，切线模量 $E_{tan}=0$；在峰值状态点 P，应变大约是 1%，切线模量也为 0。在正常工作荷载下，靠近基础附近的地基平均应变大约是 0.1%，不过就整个地基而言，地基的应变往往在 0.01%～1%，如图 4.6 (b) 所示，这表明地基土的刚度差异较大。设计中土体刚度的选用要与地基土体的平均应变相匹配 (Atkinson, 2000)。

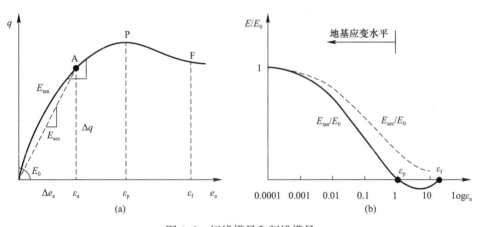

图 4.6　切线模量和割线模量

4.8　与土分类指标相关的参数

有一些参数，如临界摩擦角 φ_c'，是材料参数，取决于颗粒本身的性质；另一些参数，如不排水强度 s_u，是状态参数，取决于颗粒本身的性质和土体的当前状态；还有一些参数，对于所有土体来说都具有相同的值。这些参数中，有的是与土体的分类指标相关的。本节将给出这些参数与土体分类参数之间的关系。有一些是基于经验的，还有一些是跟参数本身的定义有关的。

1. 不排水强度和液性指数

不排水强度是一个状态参数，取决于土体的孔隙比或含水量。在不排水条件下，当土体处于液限时，临界状态不排水强度大约是 1.7kPa（图 4.7），处于塑限时，临界状态不排水强度大约是 170kPa（图 4.8）。液性指数和不排水强度的对数值之间存在线性关系，如图 4.7 所示。

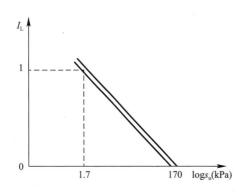

图 4.7 不排水抗剪强度随液性指数的变化   图 4.8 通过 Atterberg 界限确定压缩性

2. 临界状态摩擦角

临界状态摩擦角 φ'_c 是材料参数，取决于颗粒本身的性质。对于细粒土而言，临界状态摩擦角的值随塑性指数 I_p 的不同而不同。塑性高的土，临界状态摩擦角不到 $20°$；塑性低的土其值约为 $28°$。对于粗粒土而言，φ'_c 取决于颗粒的形状和表面粗糙程度。光滑圆形颗粒组成的土体，临界状态摩擦角约为 $30°$；粗糙角砾状颗粒组成的土，临界状态摩擦角会超过 $40°$。具体 φ'_c 的值可参考缪尔·伍德（Muir Wood，1991）给出的结果。

3. 压缩性

土体的压缩性可由正常固结压缩临界状态线的斜率 C_c 给出，C_c 是材料参数。由于 s_u 和 σ 成比例，可以绘出图 4.8 所示的临界状态线，则有：

$$e_{LL} - e_{PL} = C_c \log 100 = 2C_c \tag{4.12}$$

其中，$e = wG_s$；e 是一个数；w 是一个百分比。式（4.12）可转换为：

$$C_c = \frac{I_p G_s}{100} \tag{4.13}$$

因此，C_c 和 Atterberg 界限相关，这也是液限和塑限状态下不排水强度的值相差百倍的原因。

4. 临界状态线

对于大部分细粒土而言，可证明以 e 和 $\log\sigma'$ 为坐标轴的临界状态线经过同一点，这一点称为 Ω 点。斯科菲尔德和威罗斯（Schofield & Wroth，1986）给出了 Ω 点的近似坐标，$e_\Omega = 0.25$，$\sigma'_\Omega = 15\text{MPa}$，且这些都是常量。因此存在如下关系：

$$e_\Gamma = 0.25 + C_c \log 15000 \tag{4.14}$$

式（4.13）和式（4.14）中参数 C_c 和 e_Γ 定义了细粒土的临界状态线，且两者可以通过 Atterberg 界限得到。C_c 和 λ 之间，以及 e_Γ 和 Γ 之间，都存在简单的转化关系。

5. 峰值强度

土体的峰值强度可以用线性摩尔-库仑准则表示，可由含参数 φ'_p 的式（4.15）给出，

其中包括临界应力 σ'_c，而 σ'_c 与含水量相关，因此 φ'_p 是一个状态参数。此外，峰值强度也可以通过式（4.16）中的简单幂定律准则给出，其中的参数 B 也是材料参数。

$$\frac{\tau'_p}{\sigma'_c} = (\tan\varphi'_c - \tan\varphi'_p) + \left(\frac{\sigma'_p}{\sigma'_c}\right)\tan\varphi'_p \tag{4.15}$$

$$\frac{\tau'_p}{\sigma'_c} = \tan\varphi'_c \left(\frac{\sigma'_p}{\sigma'_c}\right)^B \tag{4.16}$$

6. G_0

土体应变极小时的剪切模量记为 G_0，和当前应力以及超固结比相关，如式（4.17）（Y_p 是屈服应力比），因此剪切模量是状态参数。式中的参数 A、n、m 和塑性指数 I_p 相关，这些参数是材料参数。

$$\frac{G'_0}{p'_r} = A\left(\frac{p'}{p'_r}\right)^n Y_p^m \tag{4.17}$$

通过这些简单的分析可知，很多重要的参数都是材料参数，并且是和土的分类参数相关的，如与 Atterberg 界限相关。此外，有些状态参数，如 G_0，是与材料参数和当前状态相关的。

初步设计时，地基勘察并未全部完成，土体设计参数和土体分类参数之间的关系对设计很有帮助，同时也可以校核验证室内试验或原位试验的结果。如果试验中测得的参数值和基于土体分类指标所估计的数值不同，那么就需要找到原因。可能是试验结果有问题，也可能是土体存在某些特殊性质，还可能是土体的结构性所致。

4.9　地基土的状态

大多数地基土是经过天然地质作用沉积而成，且在其随后的沉积和侵蚀过程发生过压缩或膨胀。例如，伦敦黏土是浅海沉积土，但在地质史上，伦敦黏土上表面的海拔出现在地表约 200m，因此，伦敦黏土是超固结土。伦敦黏土受到侵蚀始于泰晤士沼泽处，也就是说泰晤士沼泽土和伦敦黏土性质相同，但由于此处历史海拔从未高过现在，因此泰晤士沼泽附近的土体是正常固结土。泰晤士河口处土的状态随深度的变化可根据其分层估测。

土体应力和含水量在沉积和侵蚀过程中的变化，在第 2 章已经介绍。图 2.2（d）定性给出了正常固结土和超固结土的含水量随土体深度的变化。如果土是新沉积的，土体含水量接近液限。当土的含水量接近塑限时，不排水抗剪强度 s_u 约为 170kPa，这时土体相当于已在 800kPa 左右的有效应力作用下压缩过，类似于地表下 80m 深度处的土体。图 4.9（a）给出了正常固结和超固结土含水量随深度的变化。在接近地表的地方，含水量会受地基条件影响，如图 4.9（a）中虚线所示。地表附近的正常固结土因水分蒸发和植被的原因而变干，而超固结土可能由于雨水渗入裂隙中而变湿或膨胀。

与图 4.9（a）相对应的图 4.9（b）是不排水强度 s_u 随深度的变化情况。除地表附近外，超固结土的不排水强度都是 170kPa 左右，与其含水量接近塑限相一致；正常固结土的不排水强度随深度线性增大，在 80m 深处大约是 170kPa，在地表附近略有增大。

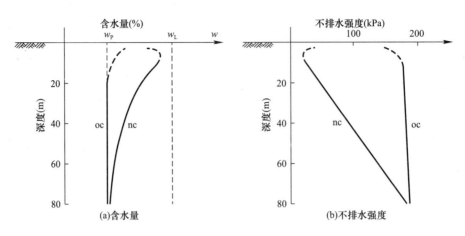

图 4.9　正常固结和超固结土含水量和不排水强度与深度的关系

4.10　变异性说明

如果对同一个参数进行多次独立量测，如量测一卡车重量的土的含水量，一般得到的是一个范围。这个含水量会因为测量存在误差而有所不同，如干土、湿土在称重时有误差，也有可能是卡车上各处土体的实际含水量原本就不同。任何参数在量测过程中均会有差异，部分是试验误差所致，部分是地基土体自身的差异所致。如果所测参数是状态参数，其值本就会随土体的状态而发生变化，测试时要考虑土体状态并将测试数据归一化。

对某一材料参数测试后，会有一系列的测试结果。确定设计用值时，有三种基本方法供工程师选用。图 4.10 是统计分析中常见的测试结果分布示意图，给出了观测到的值及观测到该值的次数。为简化起见，图 4.10 给出的是对称分布图，但实际的测试结果可能并非如此。

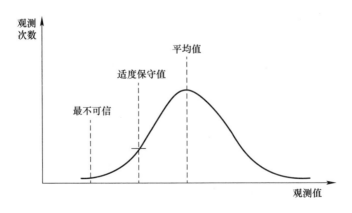

图 4.10　观察值的变异性

三种方法中：平均值，是与量测结果中的较大值和较小值的差别都不大的值；最不可信值，如果测到的结果比这个值还要小，就要出于一定的原因把这个结果舍弃；适度保守值，位于上述两者之间。对于适度保守值，没有明确的定义，较为合理的是，只有25%的观测结果比它小，或者是距离平均值有一个标准差。

设计中，选用参数值时，要同时考虑到和此参数一起使用的安全系数和荷载系数的取值。对于参数的选择并没有硬性的规定，主要是基于工程经验做出选择。如果选择φ'_c的最不可信值作为设计值，那么就要选用1.0作为分项系数。而在确定上述一卡车的土体的含水量时，一般会选平均值。

需要注意的是，如果设计是要求土体失效，例如隧道掘进机或挖掘机挖土，最不可信值是测量到的所有可靠结果中的最大值。

4.11　本章小结

1. 边坡、地基和挡土墙的分析，需要选用土体参数和安全系数或荷载系数。这些参数和系数的值取决于结构类型和地基条件。

2. 安全系数是用于土体极限承载力的系数，目的是确保结构不会到达承载力极限状态。荷载系数是用于正常使用状态的系数，目的是确保结构位移足够小。

3. 分析前要明确土体是排水还是不排水加载。排水要用有效应力参数分析，不排水要用总应力参数分析。

4. 考虑采用安全系数和临界状态强度，进行承载力极限状态的计算；如这里曾发生过较大位移，强度已降低到残余强度，则用残余强度进行承载力极限状态的计算；考虑荷载系数和峰值强度，进行正常使用极限状态的计算。

5. 利用土体的刚度可以计算位移。土体刚度是非线性的，取值要与土体平均应变值相适应。

6. 有些土体参数是材料参数，它们的大小取决于颗粒本身的性质，且与土体的分类参数相关。另外一些土体参数是状态参数，这些参数通常由其他隐含材料参数和土体的状态联系起来。

7. 选定设计参数值时，要考虑测试结果随机性和差异性。这种差异或来自地基土体本身，或来自试验误差。

第 5 章

浅基础的承载力和沉降

5.1　基础类型

　　任何结构都不会飞在天空中或者漂浮在地面上，结构的底部要和土体一起构成地基基础。建筑物和土石坝都需要底部基础来支撑，车辆和人也如此。基础设计的准则，对于建筑物来讲，是控制其沉降量使上部建筑物不受损害；对于车辆来讲，是车能随意开行；对于人来讲，则是不能陷入泥潭丢了靴子。基础会发生沉降，是因为没有任何材料（即便是路面和岩石）是绝对刚性的。有些建筑基础沉降会更明显，例如比萨斜塔。沙滩上的脚印和路上的轮胎痕迹皆可看作是"基础"沉降的印记。

　　土木工程中的基础，主要有浅基础、深基础（当 $D/B=1\sim3$ 时）和桩基础，如图 5.1 所示。一般来说，地基的强度和刚度会随着深度增加而增加（因为有效应力随着深度增加）。深基础和桩基础的一个优点就是它们位于坚硬的土层中，桩基础的尖端通常位于非常坚硬的土层或者岩层；另一个优点是地基土和深基础或桩侧之间的侧摩阻力有利于基础承载能力的提高，而在浅基础中，这一侧摩阻力对承载力的贡献是可以忽略的。

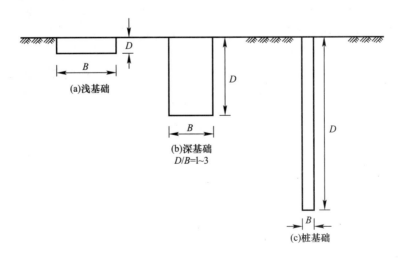

图 5.1　基础的类型

基础的受力特点如图 5.2 所示。基础受到自重 W、竖向荷载 V、水平荷载 H 和弯矩 M 的作用。竖向荷载 V 一般是上部结构的总重量，水平荷载 H 和弯矩 M 是由风荷载、波浪荷载和其他突发撞击引起的。通常来说，W 和 V 是确定的，H 和 M 需要进一步估算才能得到。如无特殊说明，本章只考虑基础上仅作用有竖向荷载 V 的情形。

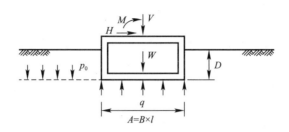

图 5.2　基础上的荷载和基底反压

基础宽度为 B，单位长度基底面积 A 上承受的总压力，即总基底反压为：

$$q = \frac{V + W}{A} \tag{5.1}$$

很多基础包括桩基础在内，大多由混凝土建造，混凝土的重度 γ_c 略大于土的重度，W（$\approx \gamma_c AD$）的大小主要与基础尺寸有关。有些基础是中空的，尤其是用于停车的箱形基础，W 要小些。在设计计算中，基础自重 W 和上部结构传递的荷载应当分开考虑。

埋深 D 处，基础外侧，土的竖向压力为 $\sigma_z = p_0$，其大小为：

$$p_0 = \gamma D \tag{5.2}$$

净基底反压 q_n 则为：

$$q_n = q - p_0 \tag{5.3}$$

净基底反压是导致地基发生变形的应力，反映了基础底部总应力的变化。注意，q_n 可正可负，其正负取决于 V 和 W 的量级。地下停车场和水下容器的 V 和 W 都非常小。如果 q_n 为正，基础就会下沉，如果为负（基础上的总应力减少），基础就会上抬。对于补偿式基础，$q_n \approx 0$，沉降可以忽略。

5.2　基础的特性

图 5.3（a）中的浅基础，其总基底反压为 q、净基底反压为 q_n、沉降为 ρ。如果基础是刚性的（例如混凝土基础），则其沉降 ρ 均匀分布，而基底反压非均匀分布。相反，如果基础是柔性的（例如土石坝的基础），基底反压将均匀分布，而沉降非均匀分布。图 5.3 中给出的是 q 和 ρ 的均值，不区分这两种情况。图 5.3（b）是净基底反压 q_n 和沉降 ρ 的关系图。排水和不排水两种加载情况的 q_n-ρ 曲线形式是相同的，但是应力和沉降的量级是不一样的。随着基底反压的增加，沉降开始加速增加；当沉降大到一定程度时，就认为基础发生了破坏。这种意义上的基础破坏，并非基础不再能承受荷载、荷载达到最大或是荷载开始下降。相反，此时基础会继续下沉，基底反压还有所增加。基底反压会继续

增加是因为基础继续下沉后埋深进一步增加所致。如果基础受到了偏心荷载的作用，那么基础就会开始倾斜，就像比萨斜塔一样，随后在平均基底反压开始减小时达到一个新的平衡状态。

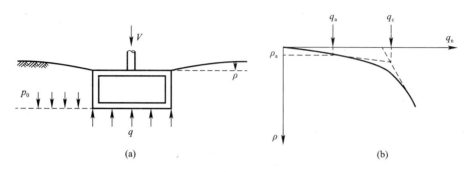

图 5.3　基础的荷载和沉降

本书的地基承载力 q_c 对应着沉降开始加速时的净基底反压。有些教材或手册中是将地基承载力定义为总的基底反压，此处需要加以区分。

显然，我们不能在地基基础上加载到反压接近承载力 q_c 的程度，因为沉降过大会导致建筑物受损（尽管不会垮塌）。为了将沉降限制在允许值 ρ_a 内，我们需要将基底反压降低到容许基底反压 q_a，如图 5.3（b）所示。在工程实践中，通常通过对地基承载力考虑一个荷载系数来实现。

图 5.4（a）给出的基础净基底反压增大到 q_a 的过程，加载缓慢，可以认为是排水加载。相应地，基础沉降也是缓慢增大至 ρ_d，之后增加终止，如图 5.4（b）所示。图 5.4（c）为快速施加相同的荷载，是不排水加载，对应发生的不排水瞬时沉降 ρ_i 如图 5.4（d）所示。不排水加载，基础下部土体的孔隙水压力增加，之后超静孔隙压力消散，固结沉降发生。固结开始后，在时间为 t 完成的固结沉降为 ρ_t，在相当长的时间后，才能达到最终的固结沉降 ρ_∞。

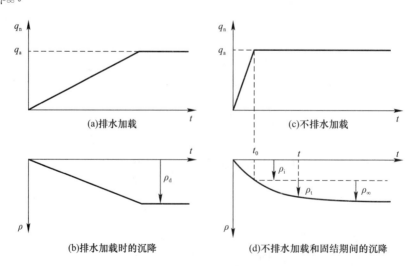

图 5.4　基础的荷载和沉降

设计基础时，工程师通常需要计算以下参数：

1）地基承载力 q_c（保证基础有足够的安全储备以抵抗破坏）。

2）容许承载力 q_a 和排水沉降 ρ_d 或者不排水瞬时沉降 ρ_i。

3）工后固结的最终沉降量 ρ_∞ 和随时间变化的沉降 ρ_t。

5.3　浅基础设计所用土体强度参数和系数

对于边坡设计来说，设计中最重要的是防止边坡达到承载力极限状态，故设计所选用的土体强度为临界状态强度，所用的系数为安全系数。工程师们一般不担心边坡附近相对较小的地面位移。但基础需要按照正常使用极限状态设计，基础沉降要小于会导致上部结构开裂的沉降值。当然，我们仍有必要对荷载进行承载力极限状态的校核，但通常沉降在设计中起控制作用。作用在基础上的荷载受限于容许沉降 ρ_a 对应的容许承载力，如图 5.3（b）所示。

第 4 章介绍了两种正常使用极限状态下进行设计的方法。其中一种是通过荷载系数来限制允许荷载，使得沉降减小；另一种是通过地基刚度将基底反压与沉降联系起来，本章将在后文对这一方法进行介绍。

净容许承载力 q_a 和净极限承载力 q_c 关系如下：

$$q_a = L_f q_c \tag{5.4}$$

其中，L_f 是荷载系数（荷载系数为 $0\sim1.0$，而安全系数 $\geqslant1.0$）。当计算净承载力时，要考虑选用哪一种土体强度，是否排水，是处于峰值、临界还是残余状态等因素。

第 5.4 节将讨论基础下部土体在排水加载和不排水加载时应力和孔隙水压力的变化。这些分析表明，土体在不排水加载时比在排水加载时更容易破坏，但在不排水加载完成后，孔隙水压力在固结过程中减小，有效应力增加，土体变得更坚硬。所以对于位于细颗粒土中的基础，应用不排水抗剪强度来确定承载力。对于位于粗粒土中的基础，土体在加载过程中会排水，应该用有效应力强度来确定承载力。

正如第 4.6 节所讨论，基础下方地基位移很小，不足以发展到残余强度，用临界状态强度进行设计也是不合理的，因为它会导致在密实和松散的土上设计出相同的基础。式（5.4）中的净容许承载力应该用峰值强度来计算，原因在第 4.6 节中也讨论过，成分组成相同的土，所有的土样达到峰值状态时，应变相同。同时也说明刚度和峰值强度有关。

如果一个基础的宽度为 10m，容许沉降为 10mm，那么图 4.5（b）中的 ρ_a/B 为 0.1%，表示的是基础下方地基的应变水平。如果 $\varepsilon_p=1\%$，则 $\varepsilon_p\approx10\varepsilon_a$，如果考虑图 4.5（a）中的实线段是抛物线，则

$$L_f = \frac{q_a}{q_c} \approx \frac{1}{3} \tag{5.5}$$

在工程实践中，大部分浅基础进行设计时，荷载系数取 $1/4\sim1/3$，计算得到的沉降较小。

读者要理解上述讨论的荷载系数并不是安全系数，这一点很重要。这个荷载系数使用

后，将基底反压从地基的极限承载力减小到允许承载力，允许承载力对应着基础的沉降比较小。设计时，要考虑荷载和土体强度的不确定性，可以使用额外的附加系数，比如采用平均值或者最不可信值，尤其是对于土体强度。

5.4 地基中的应力变化

图5.5显示了地基不排水加载及随后固结过程中土体应力和含水量的变化。在图5.5（a）中，基础下方土体单元的总应力为τ和σ，孔隙水压力通过测压管中的水位获得。图5.5（b）中，总应力路径A→B对应于基础加载带来的σ和τ的增长。图5.5（c）中，有效应力路径A′→B′对应于含水量不变的不排水加载。精确的有效应力路径A′→B′取决于土体的特性和初始的超固结比。通常，长期稳定的孔隙水压力u_∞和初始孔隙压力u_0相等。

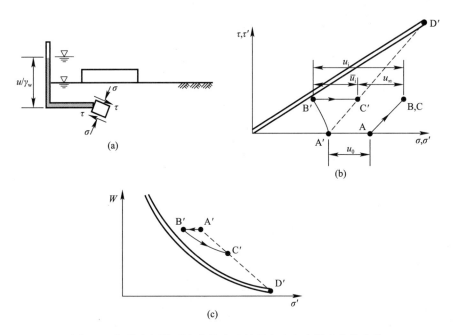

图5.5　加载和固结过程中基底地基总应力和有效应力的变化

如图5.5（b）所示，施工后瞬时孔隙水压力为u_i，远远大于最终稳定状态的孔隙水压力u_∞，所以初始的超静孔隙压力$\bar{u}_i$为正。随着时间的变化，总应力保持不变，仍在B点，作用在基础上的荷载没有发生改变，但是孔隙水压力下降。有效应力路径为B′→C′，对应于地基压缩和平均正应力增加的过程，如图5.5（b）和图5.5（c）所示。

如果沿着临界滑移面的所有土体单元都达到临界状态线，可认为基础破坏。从B′到临界状态线的距离是对基础安全系数一种度量。图5.5表明：基础受到不排水荷载的作用，其安全系数随时间的增加而增加，但是由于固结的影响，沉降会一直继续。

基础在排水条件下加载时，应力路径见图5.5（b）和（c）中的虚线A′→C′→D′。从图中的几何形状来看，应力路径缓慢接近临界状态线。可以继续给砂土中的基础加载，但也会带来更大的沉降。

5.5 浅基础的承载力

基础的承载力，可以用上限和下限方法或者极限平衡方法得到。在工程实践中，常用几种标准的方法来获得。

1. 不排水加载

对于如图 5.6（a）所示上部仅作用有竖向荷载的浅基础，不排水总承载力为：

$$q_c = s_u N_c + p_0 \tag{5.6}$$

其中，N_c 是承载力系数；p_0 是基础底部位置的总应力。对于位于地面上的条形基础，极限分析方法上下限解是相等的，可知：

$$N_c = (2 + \pi) \tag{5.7}$$

N_c 的值还取决于基础的形状和深度，斯肯普顿（Skempton，1951）给出了 N_c 值，如图 5.6（b）所示。总容许承载力 q_a 可以通过净基底反压乘以一个荷载系数得到：

$$q_a = L_f s_u N_c + p_0 \tag{5.8}$$

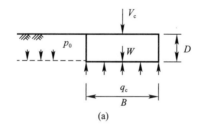

(a)

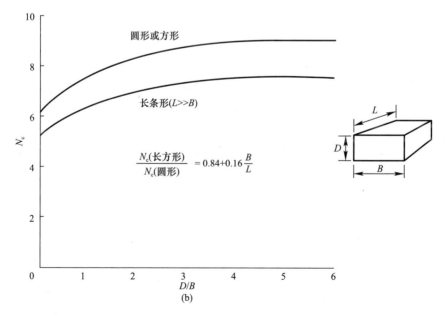

(b)

图 5.6　不排水加载的地基承载力系数

总承载力是基础底部的总应力，包括施加的荷载和基础的自重，所以允许施加的荷载 V_a 满足：

$$V_a + W = L_f s_u N_c B + \gamma B D \tag{5.9}$$

如果用水替换土体，则 $s_u = 0$，且 $\gamma = \gamma_w$。此时式（5.9）说明基础的自重和所加荷载等于排开水的重量，这就是阿基米德原理。

2. 排水加载

如图 5.7（a）所示的浅基础，排水加载时，其总承载力为：

$$q_c = \left[\frac{1}{2}(\gamma - \gamma_w)BN_\gamma + (\gamma - \gamma_w)(N_q - 1)D\right] + p_0 \tag{5.10}$$

其中，N_γ 和 N_q 是承载力系数；p_0 是在基础底部位置的总应力。

N_q 是作用在基础底部的超载 p_0 对承载力的贡献。超载 p_0 作用在条形基底面时，极限分析的上下限分析结果相同，可知：

$$N_q = \tan^2\left(\frac{\pi}{4} + \frac{\varphi'}{2}\right)\exp(\pi\tan\varphi') \tag{5.11}$$

N_q 的值由式（5.11）给出，N_q 和 φ' 的关系如图 5.7（b）所示。N_γ 是基础底土体自重对承载力的贡献。在这种情况下，没有解析的上下限解。采用马丁内（Martine，2003）给出的数值方法得到的 N_γ 值，如图 5.7（c）所示。

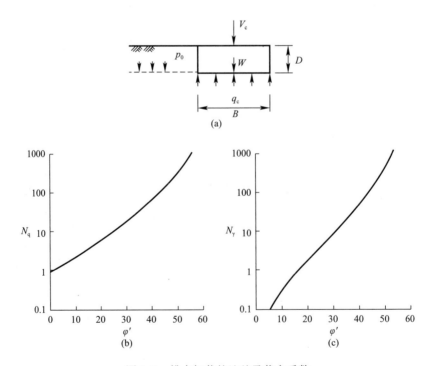

图 5.7 排水加载的地基承载力系数

容许承载力可以通过净基底反压乘以一个荷载系数得到。总承载力是作用在基础底部的总应力，包括所施加荷载和基础的自重，所以容许施加的荷载 V_a 满足：

$$V_a + W = L_f \left[\frac{1}{2}(\gamma - \gamma_w) B^2 N_\gamma + (\gamma - \gamma_w)(N_q - 1) DB \right] + \gamma BD \qquad (5.12)$$

如果是干土，式（5.12）中 $\gamma_w = 0$。包含 N_γ 的一项是基础下部土体自重对承载力的贡献，如果水位线刚好位于基础底部，则只有这一项中的 $\gamma_w \neq 0$。如果将土体换成水，$\varphi' = 0$，$N_q = 1$，$N_\gamma = 0$，式（5.12）表明：基础的重量和所加荷载等于排开水的重量，也是阿基米德原理。

5.6　砂土中的基础

如图 5.4（b）所示，砂土中的基础受到荷载作用，将会排水，加载产生的沉降为 ρ_d。图 4.5 介绍了基础在密实和松散土中的不同特性，说明对于给定的容许沉降 ρ_a，容许承载力 q_a 取决于土的初始状态。初始状态到临界状态间的距离反映安全程度，清晰合理的设计步骤，应当将容许承载力与土的初始状态直接联系起来。土的初始状态可以通过合适的原位试验测试测到。

3.5 节介绍的标准贯入试验（SPT）就是一种测量土的状态的常规试验，通过锤击数可对土的状态进行判定。当土处于最松散的状态时，锤击数 N 为 1～5；当土处于最致密的状态时，锤击数会超过 50。太沙基和派克（Terzaghi & Peck，1967）给出了锤击数（SPT-N）和容许承载力两者间的关系，这个经验公式非常简单。

$$q_a = 10N \qquad (5.13)$$

这个基底反压会带来 25mm（1 英寸）的沉降。当荷载相对较小时，荷载沉降曲线在图 4.5（b）中几乎为线性，当荷载减半时沉降也会减半。

5.7　浅基础中竖向和水平荷载组合

一般来说，基础所承受荷载为竖向荷载，但是在许多情况下，基础需要同时承受竖向和水平荷载。水平荷载可能是由于风、波浪或地震引起，或者是结构本身带来的。图 5.8 是一个承受水平荷载 H 和竖向荷载 V 的基础。前面几节已经给出了当水平荷载 $H = 0$，即只有竖向荷载情况下地基承载力的计算方法。如果 V 比较小，基础底部的剪应力超过土体强度时，基础将发生侧滑。其他一些 V 和 H 的组合也会引起基础的破坏。

一个简单且有效的方法是构建破坏包络线，通过这个包络线来区分基础处于安全还是不安全状态。破坏包络线也可以认为是确定基础破坏运动轨迹的塑性势函数。

图 5.8（b）给出了不排水加载时基础的破坏包络线，坐标轴和加载方向一致，并且通过除以 $s_u B$ 进行归一化。当 $H = 0$，V 可以通过式（5.6）确定，当 $V/s_u B = (2 + \pi)$ 时，基础发生破坏；当 $V = 0$，$H = s_u B$ 时，基础侧滑；当 V 增加时，基础会继续侧滑；当 $V/s_u B = \left(1 + \frac{1}{2}\pi\right)$ 时，基础能承受的水平力开始减少；当 $V/s_u B = (2 + \pi)$ 时，基础无法承受

水平荷载。如果图 5.8（b）中的包络线是塑性势函数，位移增量 δ_h 和 δ_v 的方向如箭头所指方向，垂直于包络线。

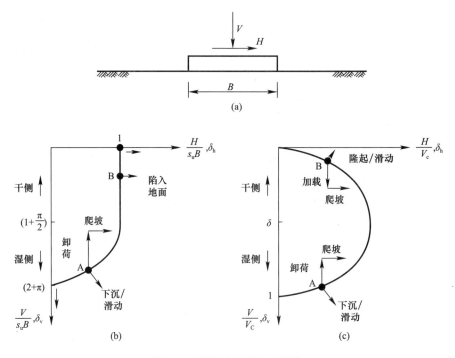

图 5.8　浅基础上的组合荷载

图 5.8（c）是排水加载条件下基础的破坏包络线。图 5.8（b）中不排水加载的大部分基础特性对于图 5.8（c）排水加载也同样成立。由于抗剪强度是由摩擦力产生，当 $V=0$ 时，$H=0$。当 V 较小时，增加 H 会导致土体剪胀，基础会发生隆起和侧滑。图 5.8（b）和图 5.8（c）已经对破坏荷载 V_c 进行了归一化，上半部分对应密砂和超固结黏土，即临界状态的"干侧"，下半部分对应松砂和正常固结土，即临界状态的"湿侧"。

图 5.8（b）和图 5.8（c）可以形象地用司机开车越野时应如何上山来理解。汽车上山是要靠轮胎和地面之间的剪应力，因此，必须激发出一部分水平力 H 来。当车在松砂或正常固结土中，即图中 A 点处时，车轮旋转，轮胎会陷入地基。此时，司机应当卸掉部分汽车荷载 V，保持较小的 H 缓慢爬上坡。当车位于密砂或超固结黏土中，在图 5.8（c）中的 B 点时，应当让大家都上车给汽车加载，然后慢慢爬上坡；在图 5.8（b）的 B 点时，人在车里车外都没有用，加载或者卸载都无法激发出水平力来，此时车轮会陷入地基中，爬不上山坡。

5.8　弹性地基中的基础

在工程实践中，通常假设地基是弹性的，这样就可以利用多种标准解法来求解不同荷载作用下基础周围地基的应力分布和变形。这些求解方法一般是通过对集中荷载进行积分后得到，所采用的叠加原理只对线性材料有效。地基通常不是弹性或者线性的，严格来说，这些解法并不总是有效的，但是在计算应力时的误差时要远小于计算地基变形的误差。

如图 5.9 所示，地基上的集中荷载变化 δQ，引起的弹性地基中某点的竖向应力 $\delta\sigma_z$ 和沉降 $\delta\rho$ 的变化为：

$$\delta\sigma_z = \frac{3\delta Q}{2\pi R^2}\left(\frac{z}{R}\right)^3 \qquad (5.14)$$

$$\delta\rho = \frac{\delta Q(1+\nu)}{2\pi ER}\left[\left(\frac{z}{R}\right)^2 + 2(1-\nu)\right] \qquad (5.15)$$

其中，E 和 ν 分别为杨氏模量和泊松比。尽管当 $z=R=0$ 时，在点荷载作用下，上述表达式会导致无穷大的应力和沉降，但依旧可以用这些公式来计算较小基础的应力和沉降。

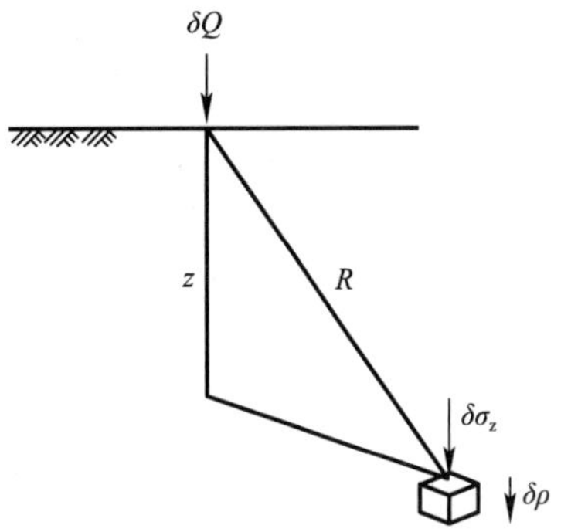

对于弹性地基上的圆形和长方形基础，基底反压变化 δq，引起基础下方某点的竖向应力 $\delta\sigma_z$ 和沉降 $\delta\rho$ 为：

图 5.9　集中荷载引起的应力和沉降

$$\delta\sigma_z = \delta q I_\sigma \qquad\qquad\qquad (5.16)$$

$$\delta\rho = \delta q B \frac{1-\nu^2}{E} I_\rho \qquad\qquad (5.17)$$

其中 I_σ 和 I_ρ 是无量纲的影响因数，B 是基础的宽度或者直径。这两个影响因数的值，主要取决于基础的几何形状，受泊松比的影响较小。式（5.16）不包含 E 和 ν，所以在弹性地基中土的竖向应力只取决于基础的形状和荷载。普洛斯和戴维斯（Poulos & Davis，1974）针对这些影响因数，给出了一系列不同荷载作用下的图表。对于最常见的圆形和矩形基础，影响系数的值见图 5.10 和图 5.11。

为了确定矩形或不规则加载区域内外不同点的应力和沉降值，可以将目标区域划分为一系列矩形，确定每一个矩形的角点所在位置的 $\delta\sigma_z$ 和 $\delta\rho$ 后，用叠加原理进行加减。例如，图 5.12 所示 L 形建筑，E 点的应力和沉降，可通过叠加矩形 DABE、BCFE 和 HGDE 获得；区域外 J 点的应力和沉降可通过矩形 GACJ 减去 HEFJ 获得。

图 5.10（b）和图 5.11（b）给出了地基表面荷载的影响深度，故可以对基础作用引

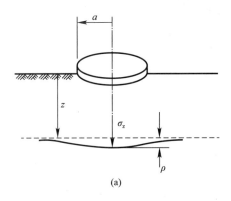

(a)

图 5.10　圆形基础中心点下地基应力和沉降的影响因数（一）

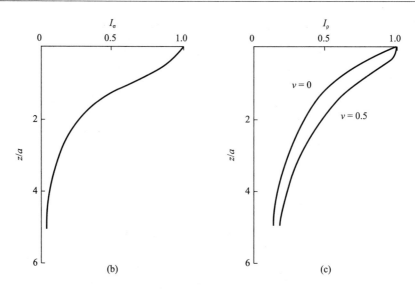

图 5.10　圆形基础中心点下地基应力和沉降的影响因数（二）

起的地基应力增量和初始自重应力进行比较。在地基勘察时，取样和测试的深度，应在地基附加应力超过原位自重应力 10％左右的所有土层内。

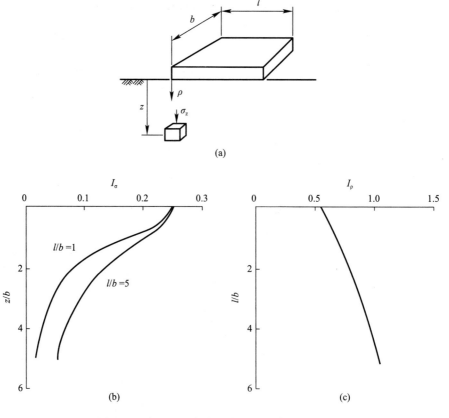

图 5.11　方形基础角点下应力和沉降的影响因数

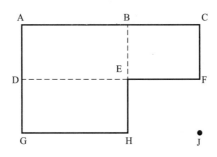

图 5.12　不规则形荷载区域的划分

5.9　弹性分析参数

弹性计算中，要用到的参数包括杨氏模量和泊松比。基础设计选用参数时，一定要区分是排水加载还是不排水加载。同时也要注意到土体的刚度指标是高度非线性的，应当选择与土体应变相符的刚度参数。

选用割线模量的话，计算分析一步完成；选用切线模量的话，计算分析需进行多步才能完成。

割线模量为：

$$E_{\text{sec}} = \frac{\Delta q}{\Delta \varepsilon_{\text{a}}} \tag{5.18}$$

切线模量为：

$$E_{\text{tan}} = \frac{\mathrm{d}q}{\mathrm{d}\varepsilon_{\text{a}}} \tag{5.19}$$

Δ 代表加载开始之后应力应变的改变量。对于简化分析，通常采用割线模量，将基础上的所有荷载一步加上去即可。排水加载时，应当选用与有效应力相应的参数 E' 和 ν'；不排水加载时，应当选用相应于不排水体积不变的加载方式下的 E_{u} 和 $\nu_{\text{u}} = 0.5$。弹性剪切模量 G 和弹性杨氏模量 E 之间的基本关系为：

$$G = \frac{E}{2(1+\nu)} \tag{5.20}$$

对于弹性材料，剪切和体积的影响是分开考虑的，$G' = G_{\text{u}}$，因此：

$$\frac{E'}{2(1+\nu')} = \frac{E_{\text{u}}}{2(1+\nu_{\text{u}})} \tag{5.21}$$

当 $\nu_{\text{u}} = 0.5$ 时，

$$E_{\text{u}} = \frac{3E'}{2(1+\nu')} \tag{5.22}$$

式（5.17）给出了对应于 E 和 ν 的排水加载的沉降 ρ_{d} 和不排水加载的沉降 ρ_{u}。因此，通过式（5.22）可得到：

$$\frac{\rho_{\text{u}}}{\rho_{\text{d}}} = \frac{3E'}{4(1+\nu'^2)E_{\text{u}}} = \frac{1}{2(1-\nu')} \tag{5.23}$$

将 $\nu' = 0.25$ 带入式（5.23），得到 $\rho_u = 0.67\rho_d$。可见，当基础位于较深的弹性土层上时，其不排水沉降为排水沉降的 2/3，这个差异是因为不排水加载后土体还会因固结继续发生沉降。而当土体的深度和基础的宽度相比相对较小时，可视为一维加载的情况（详见第 5.10 节），此时 $\rho_u = 0$。

前面已经讨论过，土体刚度是非线性的。土体在应变非常小时，杨氏模量为 E_0，E_0 可以通过动力试验或原位测试得到的 G_0 求出，E_0 会随着应力大小和状态的变化而变化。图 4.6（b）给出了切线和割线模量随应变的变化规律，此图是与图 4.6（a）中的应力应变曲线相对应的。刚度可通过 E_0 归一化。在临界状态点 F 时，应变约为 10%，$E_{tan} = 0$。在峰值点 P 时，应变约为 1%，$E_{tan} = 0$。

在正常工作荷载作用下，基础附近地基的平均应变约为 0.1%，但是应变分布范围非常宽，可能小于 0.01%，也可能大于 1%，如图 4.6（b）所示。基础设计时，需要选取与地基平均应变相匹配的刚度（Atkinson，2000）。

5.10　一维加载的固结沉降

通常假设可压缩土层的厚度要远小于地基的宽度，所以可以忽略土层的水平应变。此时，地基中土体的应力应变和固结情况，如图 5.13（a）所示，与图 5.13（b）所示的一维固结压缩试验一样。

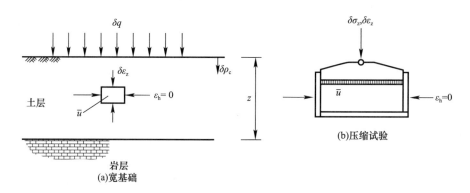

图 5.13　地基的一维固结

在压缩试验中，竖向应变 $\delta\varepsilon_z$ 为：

$$\delta\varepsilon_z = m_v\delta\sigma'_z \tag{5.24}$$

当固结完成时，$\bar{u} = 0$，$\delta\sigma'_z = \delta\sigma_z$。注意，$m_v$ 不是一个固定的土体常数，而是取决于当前应力 σ'_{z0} 和应力增量 $\delta\sigma'_z$，且在加载和卸载过程中 m_v 不同。由固结带来的地表沉降 $\delta\rho_c$ 可由式（5.25）得到：

$$\frac{\delta\rho_c}{z} = \delta\varepsilon_z = m_v\delta\sigma'_z \tag{5.25}$$

固结完成时，有 $\delta\sigma'_z = \delta q$，其中 δq 是基础底面的净基底反压。对于宽基础，最终沉降可以通过式（5.25）计算得到。不过，土的一维压缩和膨胀是非线性的，m_v 不是常数，所以要通过压缩试验得到 m_v。试验中土的初始应力和应力变化要与地基中相一致。

一维固结压缩试验中的固结沉降速率，在一维压缩固结理论中已有讨论。一般来说，固结速率与固结度 U_t 和时间因数 T_v 有关，U_t 和 T_v 定义为：

$$U_t = \frac{\Delta\rho_t}{\Delta\rho_\infty} \tag{5.26}$$

$$T_v = \frac{c_v t}{H^2} \tag{5.27}$$

式中，$\Delta\rho_t$ 和 $\Delta\rho_\infty$ 是在时间 t 和时间 $t=\infty$ 时发生的沉降；c_v 是固结系数；H 是排水路径的长度。

U_t 和 T_v 的关系取决于固结土层的几何形状和排水条件，以及超静孔隙压力的初始分布而非绝对值。最常见的排水条件如图 5.14 所示。对于一维排水，渗流可能是朝向地表排水层的单向渗流、朝向底部和地表排水层的双向渗流或者朝向沉积层中粉土和砂土的多向渗流。径向排水渗流方向指向按网格设置的竖向排水。对于每一种情况，排水路径 H 或者 R 是水流流向排水层（井）的最大距离。

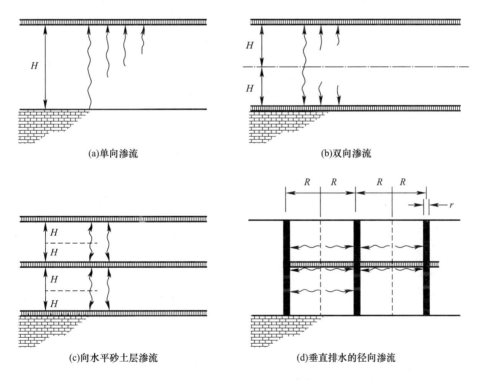

(a)单向渗流　　　　　　　　　　(b)双向渗流

(c)向水平砂土层渗流　　　　　(d)垂直排水的径向渗流

图 5.14　地基中的排水条件

一维固结中，U_t 和 T_v 两者间的关系，与初始超静孔隙压力的分布形式有关。图 5.15（a）给出的是初始孔压 $\bar{u_i}$ 随深度均匀分布时 U_t 和 T_v 的关系（T_v 为对数坐标）。图 5.15（b）是径向排水固结时 U_t 和 T_v 的关系，其中，

$$T_r = \frac{c_r t}{R^2} \tag{5.28}$$

$$n = \frac{R}{r} \tag{5.29}$$

式（5.28）和式（5.29）可用于计算给定时间所发生的沉降量或者计算达到某一沉降量所需要的时间。尽管理论上完全固结需要无限长的时间，但是当 $U_t = 1.0$ 时，实际工程中可以用 T_v 或者 $T_r \approx 1.0$ 来近似完全固结。

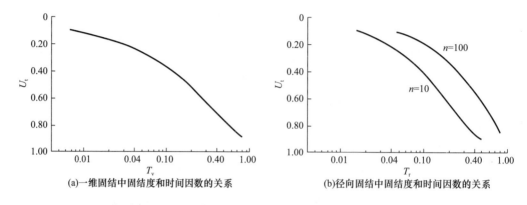

(a)一维固结中固结度和时间因数的关系　　　(b)径向固结中固结度和时间因数的关系

图 5.15　固结速率确定方法

5.11　由地下水变化引起的地基隆起或沉降

通常，基础加载会引起地基沉降，卸载会引起隆起。此外，地下开挖、周围施工和地下水的变化也会造成地基变形。地下水发生变化，可能是抽水、基坑周围降水和植被变化等多种因素引起。通常，由荷载引起的地基变形称为沉降，其他因素引起的地基变形称为沉陷。

由式（5.10）可知，排水时的地基承载力取决于 N_γ、N_q 系数和有效应力项 $(\gamma - \gamma_w)B$ 和 $(\gamma - \gamma_w)D$。如果地下水位上升，孔隙水压力增加，基础下地基的有效应力就会减小，地基承载力将降低。如果上部有结构的恒定重量，导致基础下方的基底反压是一定值的话，此时，要考虑减小荷载系数，以应对因附加剪应变带来的基础沉降。另外，平均有效应力降低，将会引起塑性黏土膨胀，进而导致基础隆起。由此可见，地下水的升降，会引起基础的隆起和沉降。

对于承受较小荷载但具有较大的荷载系数的基础，例如房屋基础，对地下水的变化引发的沉陷较为敏感，这是因为地下水的变化会引起高塑性黏土的收缩或膨胀。房屋附近地下水变化的主要原因是植被或管道渗漏。植被通过根系将水分带离土体，从而降低了根系范围内土体的孔隙水压力。植被生长也会导致地基沉陷，而移除植被或管道漏水会导致地基隆起。当土体为非饱和土，且承受荷载较重时，洪水浸泡会引起严重的地基沉陷，详见非饱和土的有关论述。

5.12　本章小结

1. 基础是将荷载传递到地基的结构构件。随着荷载增加，基础发生沉降，当沉降大到一定值时，基础就会发生破坏。基础可能埋深较浅，也可能埋深较深。需要利用好随埋深而增加的地基的强度和刚度来进行基础设计。

2. 地基承载力 q 是基础和地基之间的接触应力极限值。基础的净基底反压是指基础埋深处反压的增量。当净基底反压为正时，基础沉降，当净基底反压为负时，基础隆起。地基承载力 q 和净基底反压 q_n 为

$$q = \frac{V+W}{A} \tag{5.1}$$

$$q_n = q - p_0 \tag{5.3}$$

3. 不排水加载时，地基的超静孔隙压力增加，之后，孔隙水压力会随时间因土体固结而消散。固结期间，沉降会继续，但是有效应力和安全系数会增加。

4. 导致基础失效的不排水和排水地基承载力 q_c 分别为：

$$q_c = s_u N_c + p_0 \tag{5.6}$$

$$q_c = \left[\frac{1}{2}(\gamma - \gamma_w) B N_\gamma + (\gamma - \gamma_w)(N_q - 1)D \right] + p_0 \tag{5.10}$$

其中，N_c，N_γ 和 N_q 是承载力系数。

5. 基础设计的一个重要准则是要限制沉降。可以通过赋予净基底反压一个荷载系数来实现，也可以通过假设土体为弹性体计算沉降。砂土中的基础，沉降和土体相对密实度有关，相对密实度可以通过静力触探的试验结果估计。

6. 位于宽基础下方相对较薄的地层中，固结期间的应变是一维的。沉降可表示为：

$$\delta \rho_c = z m_v \delta \sigma'_z \tag{5.25}$$

固结沉降的速率，可以通过固结度和时间因数之间的关系确定：

$$U_t = \frac{\Delta \rho_t}{\Delta \rho_\infty} \tag{5.26}$$

$$T_v = \frac{c_v t}{H^2} \tag{5.27}$$

可以假设 $U_t = 1$ 时，$T_v = 1$。

例　题

【例 5.1】不排水地基承载力

图 5.16 中基础在不排水加载条件下的极限载荷由式（5.6）给出，

$$V_c + W = s_u N_c B + \gamma D B$$

假设土和混凝土的重度相同，$W = \gamma D B$。由图 5.6（b）可知，$D/B \approx 1$ 的长条形基础，其 $N_c = 6$，

$$V_c = 30 \times 6 \times 2.5 = 450 \text{kN/m}$$

若荷载 $V_a = 300 \text{kN/m}$，则荷载系数为 2/3。

【例 5.2】排水加载基础承载力

图 5.16 中基础在排水加载条件下的极限载荷由式（5.10）给出，

$$V_c + W = \frac{1}{2}(\gamma - \gamma_w)B^2 N_\gamma + (\gamma - \gamma_w)(N_q - 1)BD + \gamma BD$$

与例 5.1 一样，$W = \gamma DB$。由图 5.7（b）可知，$\varphi' = 25°$时，$N_\gamma = 8$，$N_q = 11$，

$$V_c = \frac{1}{2}(20-10)2.5^2 \times 8 + (20-10)(11-1)2.5 \times 2 = 750 \text{kN/m}$$

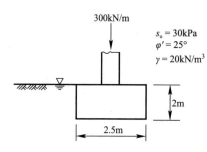

300kN/m

$s_u = 30 \text{kPa}$
$\varphi' = 25°$
$\gamma = 20 \text{kN/m}^3$

2m

2.5m

图 5.16　基础上的荷载——
例 5.1 和例 5.2

（2）5 年后时间因数

$$T_v = \frac{c_v t}{H^2} = \frac{2 \times 5}{8^2} = 0.16$$

由图 5.15（a）可知该时间因数对应于固结度 $U_t \approx 0.5$，5 年后的沉降为：

$$\rho_t = U_t \rho_\infty = 0.50 \times 0.40 = 0.2 \text{m}$$

若荷载 $V_a = 300 \text{kN/m}$，则荷载系数为 2/5。

【例 5.3】路堤的沉降计算

图 5.17 中的路堤足够宽，因此，土体中的应变和渗流可以假定为一维状态。由式（5.25），最终沉降量为：

$$\rho_c = m_v z \Delta\sigma'_z = 5 \times 10^{-4} \times 8 \times 100 = 0.40 \text{m}$$

（1）从图 5.15（a）沉降完成的时间（即 $U_t = 1.0$。对应于 $T_v = 1.0$。因此，由式（5.27）可得：

$$t = \frac{T_v H^2}{c_v} = \frac{1.0 \times 8^2}{2} = 32 \text{ 年}$$

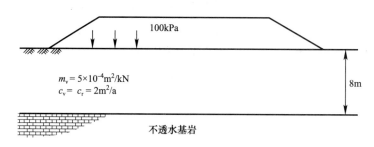

100kPa

$m_v = 5 \times 10^{-4} \text{m}^2/\text{kN}$
$c_v = c_r = 2 \text{m}^2/\text{a}$

8m

不透水基岩

图 5.17　土石坝沉降——例 5.3 和例 5.4

【例 5.4】排水砂井的固结沉降

为了加快例 5.3 中地基的固结沉降，在黏土中设置了砂井。排水井直径为 200mm（$r = 100 \text{mm}$），间隔 2m 设置（$R = 1.0 \text{m}$）。

由图 5.15（b）可知，当 $n = R/r = 10$，沉降完成的时间（即 $U_t = 1.0$）对应于 $T_r = 1.0$。因此，由式（5.28）可得，

$$t = \frac{T_r R^2}{c_r} = \frac{1.0 \times 1.0^2}{2} = 0.5a$$

【例 5.5】 计算弹性土体中的应力和沉降

图 5.18 表示了在深厚弹性土层表面放置的圆形水槽的实例。对于 $\delta q = 5 \times 10 = 50\text{kPa}$，排水加载时竖向应力和沉降的变化量由式（5.16）和式（5.17）给出，

$$\delta \sigma'_z = \delta q I_\sigma = 50 I_\sigma \text{kPa}$$

$$\delta \rho = \delta q B \frac{1 - \nu'^2}{E'} I_\rho = 50 \times 10 \frac{(1 - 0.25^2) \times 10^3}{10 \times 10^3} I_\rho = 47 I_\rho \text{mm}$$

其中 I_σ 和 I_ρ 由图 5.10 给出。

（1）在 A 点，$z/a = 0$，$I_\sigma = 1.0$，$I_\rho = 1.0$，因此

$$\delta \sigma'_z = 50\text{kPa}$$

$$\delta \rho = 47\text{mm}$$

（2）在 B 点，$z/a = 1$，$I_\sigma = 0.65$，$\nu' = 0.25$ 时（在 $\nu' = 0$ 和 $\nu' = 0.5$ 之间插值），$I_\rho = 0.65$，因此

$$\delta \sigma'_z = 33\text{kPa}$$

$$\delta \rho = 31\text{mm}$$

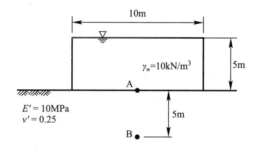

图 5.18　半无限空间弹性地基上水槽的沉降——例 5.5

第6章

桩基础

6.1 桩基础的类型

桩是置于地基中的细长构件，通常以群桩的形式工作。打桩的主要目的，是将荷载传递到深部具有较高强度和刚度的土层或岩层上，以增加基础的有效尺寸并抵抗水平荷载。桩基础，通常由钢材或钢筋混凝土制成，有时也会采用木材。桩可以打入或压入地基中，混凝土桩还可在现场钻孔内直接浇筑。

图 6.1 为典型的几种桩基类型。图 6.1 (a) 为端承桩，其大部分承载力由桩端提供；图 6.1 (b) 为摩擦桩，其承载力主要由桩侧摩阻力提供；图 6.1 (c) 为斜桩，用以抵抗水平荷载；图 6.1 (d) 为群桩，在顶部通过桩承台相联。图 6.1 (c) 中，左侧的桩处于受拉状态，因此其全部承载力由桩身侧摩阻力提供。

图 6.2 给出了作用于单桩上的荷载，作用在桩顶的荷载 Q，由桩端阻力 Q_b 和桩身与土体之间的侧摩阻力 Q_s 共同抵抗，因此：

$$Q = Q_s + Q_b \tag{6.1}$$

在常规的桩基础分析中，将桩的重量等同为被桩取代的土的重量，且两者都可忽略。在任何情况下，这两者与上部结构带给桩的荷载相比，都非常小。上部结构荷载通常在 500kN～5000kN 之间，甚至更大。根据图 6.2 (b) 可知，桩端阻力和桩侧摩阻力随着沉降的增加而增加，桩侧摩阻力的增加速度要快于桩端阻力的增加速度，并且在应变较小时就达到极限状态。

桩或群桩受到排水或者不排水荷载作用时，其总应力路径和有效应力路径与浅基础类似，如图 5.5 所示。通常来讲，位于黏土层中的桩基，因不排水加载产生超静孔隙压力，随着超静孔隙压力的消散，桩基会发生沉降，同时土体的有效应力和强度会相应提高。桩基础的施工也会引起土体应力的改变，对于钻孔灌注桩，会引起桩周土体膨胀和软化；对于贯入桩，会引起周围土体的压缩和固结。

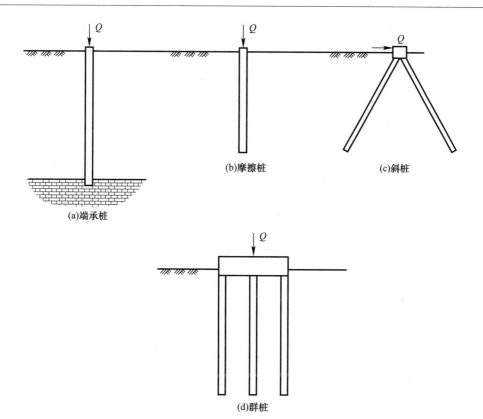

图 6.1　桩基础的类型

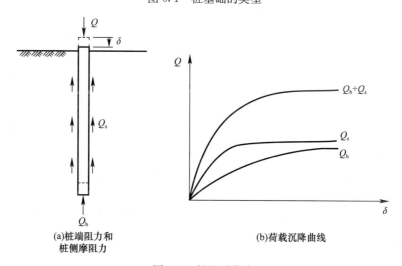

图 6.2　桩基承载力

6.2　单桩的桩端阻力

单桩的桩端阻力为:

$$Q_b = q_b A_b \qquad (6.2)$$

其中 q_b 为桩端承载力，A_b 为桩端面积。桩基础承载力计算原理与第 5 章介绍的浅基础计算原理相似。桩端承载力假设的上限解或极限平衡计算的滑移面机制，与图 6.3 中所示的类似。但是，桩端的承载力系数比浅基础的承载力系数大。对于不排水加载，桩端承载力为：

$$q_b = s_u N_c \qquad (6.3)$$

对于方形桩或圆形桩，$N_c \approx 9$（Skempton，1951）。对于排水加载，桩端承载力为：

$$q_b = \sigma_z' N_q \qquad (6.4)$$

其中，σ_z' 为桩端所处位置的竖向有效应力。承载力系数 N_q 主要取决于 φ'，已有许多学者基于理论和试验结果给出了二者的关系。

φ' 值的选取具有一定难度。在贯入桩贯入过程中，桩端下部的土体应变会很大；而在钻孔灌注桩施工过程中，桩底的土体可能出现应力松弛和软化现象。因此，在这两种情况下，选用临界摩擦角 φ_c' 来确定桩端承载力设计中 N_q 值是比较合理的。然而，实验室以及现场试验表明，图 6.3（b）中，用 φ_c' 确定的 N_q 值，会使设计过于保守，因此在实际设计中通常采用峰值摩擦角 φ_p'。

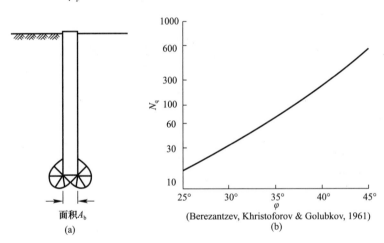

图 6.3　桩端阻力

单桩的桩端阻力，也可以通过第 2 章介绍的现场触探试验来估算。一般来说，桩端承载力等于静力锥贯试验中测得的锥贯阻力（桩与贯入锥的尺寸不同时要修正），也可由标准贯入试验的 N 值得到。

6.3　桩侧摩阻力

图 6.4 中，直径为 D 的圆桩，桩身摩阻力所提供的承载力为：

$$Q_s = \pi D \int_0^L \tau_s \mathrm{d}z \qquad (6.5)$$

其中，τ_s 为桩身与土体之间的机动（抗滑）剪应力。τ_s 值的确定非常困难，取决于土体的性质、桩身材料，而且还与桩基的施工方法有关。位于黏土中的桩基不排水加载时，τ_s 可按式（6.6）进行计算。

$$\tau_s = \alpha s_u \tag{6.6}$$

α 取值为 $0\sim1$。通常，贯入桩和现浇（混凝土）桩的 α 取 0.5。对于排水加载，τ_s 可按式（6.7）进行计算。

$$\tau_s' = \sigma_h' \tan\delta' = K\sigma_z' \tan\delta' \tag{6.7}$$

K 是水平有效应力和竖向有效应力的比值 σ_h'/σ_z'，且 $K_a \leqslant K \leqslant K_p$，其中 K_a 和 K_p 分别为主动土压力系数和被动土压力系数；δ' 为桩身与土体界面之间的摩擦角，对于表面粗糙的桩，$\varphi_r' \leqslant \delta' \leqslant \varphi_p'$。对于黏土，式（6.7）常简化为：

$$\tau_s' = \beta\sigma_z' \tag{6.8}$$

其中，$\beta = K\tan\delta'$，β 为经验参数，与土体的性质和桩基的施工方法有关。

虽然桩基的施工方法对 δ' 和 K 都有影响，但这些影响是不同的。对于贯入桩，当桩击入到土中时，桩土间会产生非常大的剪切位移。在黏土中，这样大的位移足以将土的强度降低至其残余值，但贯入的过程会增大桩侧土的水平有效应力，使桩侧摩阻力增加；但是在有胶结的地基中打桩则不然，桩侧土的水平应力非常小，桩土间的摩阻力发挥得也非常少。对于现场浇筑的混凝土灌注桩来说，桩外围比较粗糙，土体所发挥的强度介于峰值强度和临界状态强度之间。在钻孔的过程中桩侧土的水平应力是要减小的，且在混凝土凝固和养护过程中还会进一步变小（因混凝土收缩）。可见，贯入桩和现浇桩这两种工法，尽管对 δ' 和 K 的影响不同，但总的来看都是相互补偿的。

需要注意的是，受表面回填土重量或地下水位降低的影响，土体会发生沉降，如图 6.5 中所示。此时，导致桩侧摩阻力向下作用于桩身，引起桩侧负摩阻力。

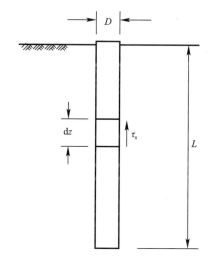

图 6.4　桩侧摩阻力

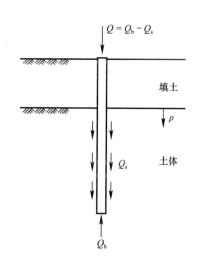

图 6.5　地层沉降带来的桩侧负摩擦力

6.4　桩基试验和打桩公式

桩基承载能力的分析，包括桩端阻力和桩侧摩阻力的计算，均具有相当的不确定性，

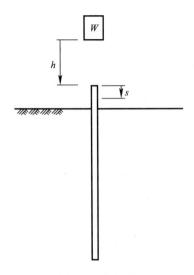

图 6.6　打桩参数

因此，工程中常用荷载试验来检验桩基承载力是否满足要求。一般来说，试验中所施加的荷载要超过桩基础设计中的正常使用荷载，同时要量测桩的沉降。荷载分级施加，就像固结试验，每施加一级荷载后要维持一段时间，或以一恒定的速率施加荷载。后者可以得到更加合理的结果，而且可以更好地确定破坏荷载。

单桩的承载力，还可以通过桩打入时的阻力来获得，即通过所谓的打桩公式求得。打桩公式的基本原理，是落锤所做的功（减去能量损失）等于桩贯入土里所做的功。如图 6.6 所示，落锤的重量为 W，下落高度为 h，锤击后桩的位移为 s，则该桩的承载力 Q 为：

$$Qs = Wh \qquad (6.9)$$

这个打桩公式过于简化，不能直接应用在实际工程中。但它是那些可以考虑能量损失的实用打桩公式的基础。

6.5　群桩承载力

如图 6.1（d）所示的群桩中，相邻桩之间会相互影响，这样会导致群桩中单桩承载力的下降。群桩的效应系数 η，由式（6.10）给出。

$$V = n\eta Q \qquad (6.10)$$

其中，V 是施加于群桩上的总荷载；n 是桩的数量；Q 是每根桩的单桩承载力。效应系数 η 会随着桩间距的减少而变小，如图 6.7（b）所示。

如果桩间距相对较近，如图 6.7（c）所示，则把群桩等效成一个基底面积为 A、埋深为 L_g 的基础会更合适，其中 $L_g \approx 2/3L$。地基承载力 q_c，可采用第 5 章中介绍的浅基础设计方法算得。在计算基础侧面的剪应力时，假定土所承担的机动（抗滑）剪应力为极限值，取相应的土体的抗剪强度。

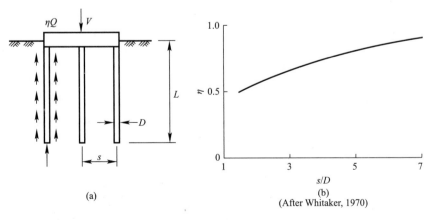

(a)

(b)

(After Whitaker, 1970)

图 6.7　群桩承载力（一）

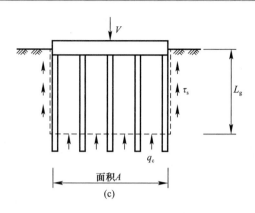

图 6.7　群桩承载力（二）

6.6　本章小结

1. 桩基础常把基础埋置到刚性更大和强度更高的深部土层中。单桩承载力，由桩端阻力和桩侧摩阻力两部分组成。

2. 单桩的桩端阻力为：

$$q_b = s_u N_c \tag{6.3}$$

$$q_b = \sigma'_z N_q \tag{6.4}$$

分别对应于不排水和排水加载条件。

3. 单桩的桩侧摩阻力为：

$$\tau_s = \alpha s_u \tag{6.6}$$

或者

$$\tau'_s = \beta \sigma'_z \tag{6.8}$$

其中，α 为不排水条件下桩侧摩阻力系数；对于排水条件，$\beta = K \tan \delta'$。

4. 在实际工程中，桩基础的承载力通常由足尺载荷试验或者打桩公式来确定。群桩承载力可通过单桩承载力和群桩效应系数得到，也可通过等效为单个浅基础后得到。

第7章

土压力和挡土墙稳定

7.1 导言

当边坡太陡或竖向开挖太深时，要采用挡土墙来支挡以确保其稳定安全。支挡结构的主要特征如图 7.1 所示。挡土墙作为结构构件，像梁一样承受两侧的各种荷载。细长挡

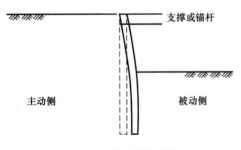

墙，要嵌入到开挖面以下的地基中，可能还需要内支撑或锚杆来撑住或拉住。厚重的重力式挡土墙，主要通过墙基与土体之间的剪应力来提供抗力。在开挖期间（或者是在较高一侧填筑期间），随着土压力的发展，细长挡墙有侧移和弯曲的趋势。挡土墙将远离主动侧，向被动侧移动。

图 7.1　挡土墙的特征

挡土墙设计，一是要考虑有一定的安全储备，目的是应对可能发生的各种破坏（破坏形式见 7.4 节）；二是对其位移有一定的限制要求，以保证附近建筑物和隧道的安全。另外，基坑挡土结构的施工会改变地下水的条件，水压力也作用在挡土墙上。

7.2　土压力

作用在挡土墙上的荷载，来自地基土的水平应力（称为土压力），常使用支撑或锚杆来平衡它。土压力大小主要取决于挡土墙是移向土体还是远离土体以及土的性质。

土压力随挡土墙位移而发展变化，如图 7.2 所示。图 7.2（a）是一个由支撑力 P 来稳定的挡土墙，墙后土的水平总应力为 σ_h；显然，它们处于平衡状态。如果 P 增大，挡土墙将向土的方向移动 δ_p，土中水平应力增大，如图 7.2（b）所示；如果 P 减小，挡土墙向远离土的方向移动 δ_a，土中水平应力减小。如果挡土墙的移动足够大，土的水平应力将达到被动土压力 σ_p 和主动土压力 σ_a 极限值。如果挡土墙没有发生移动，水平应力 σ_0 为静

止土压力，土压力系数为 K_0。

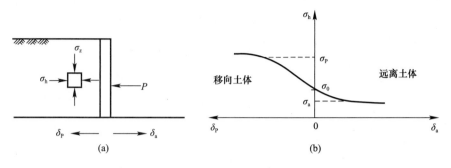

图 7.2 随位移变化的主动土压力和被动土压力

7.3 挡土结构的类型

图 7.3 列出了挡土墙的几种主要类型。图 7.3（a）是最简单的悬臂式挡土墙，抵抗力全部来自被动土压力；图 7.3（b）和图 7.3（c）分别是内撑式挡土墙和锚锭式的挡土墙；图 7.3（d）是重力式挡土墙，抵抗力来自墙基与地基之间的剪应力。图 7.3（e）表示的是挡土墙用于土体的开挖；图 7.3（f）则是用于土体的填筑。

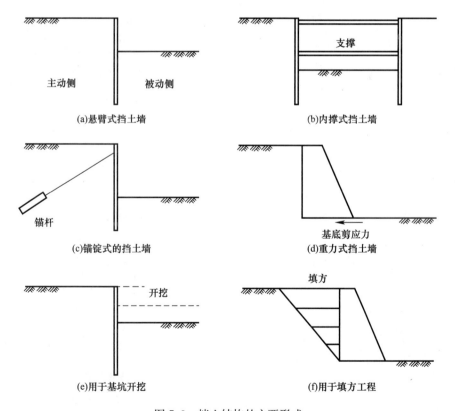

图 7.3 挡土结构的主要形式

挡土结构用于高速公路路堑、桥梁墩台、地下室、码头和港口建设时，属于永久结构；更多的挡土结构是用于施工期间的开挖支护，并为施工提供一个干燥的工作条件，属于临时结构。重力式挡土墙通常是由砌体或素混凝土构成，有时也用石笼（边长为 0.5～1m 的立方体网箱，里面填满土或石块）建造。细长挡墙通常采用钢或钢筋混凝土材料修建。钢板桩常被击入到地基中；细长的混凝土挡土墙，通常是现场浇筑的矩形墙板或相互咬合在一起的圆桩。

7.4 挡土墙失效

挡土墙有多种失效模式。图 7.4 是典型的地基失效模式，土中挡土结构本身仍保持厚状但地基土已失效；图 7.5 是挡土墙结构构件的失效。图 7.4（a）和图 7.4（b）中，失效是因为在挡土墙前和后的土体发生了很大的形变；图 7.4（c）和（d）中，重力式挡土墙因滑动、倾覆或墙趾处超过地基承载力而失效；图 7.4（e）中的失效是墙下地基的整体滑动，这实际是边坡稳定问题；图 7.4（f）是基坑底部因渗流引起管涌和侵蚀或底部土体移动而引发的失效形式；图 7.5 中的失效形式，是结构构件失效——挡土墙折断、锚杆拉断和支撑发生屈曲。

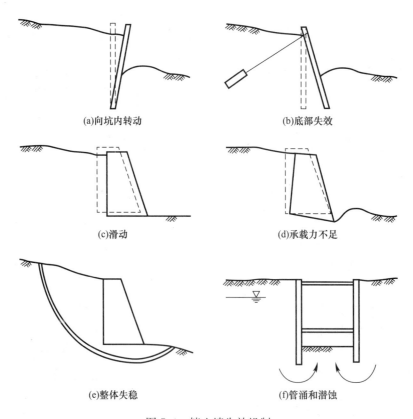

(a)向坑内转动   (b)底部失效

(c)滑动   (d)承载力不足

(e)整体失稳   (f)管涌和潜蚀

图 7.4　挡土墙失效机制

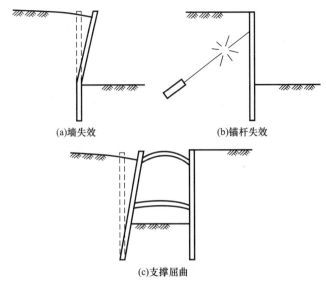

(a)墙失效   (b)锚杆失效

(c)支撑屈曲

图 7.5 挡土墙结构构件的失效

7.5 挡土墙附近土的应力变化

分析施工期间和施工后挡土墙处土的总应力和有效应力路径，有助于确定是不排水条件还是长期排水条件起决定作用。对于给挡土墙加载，需要区分是由开挖引起还是由填筑引起的（注意：此处及后续的加载是指剪应力的增加，与正应力的变化无关）。

图 7.6（a）是开挖加载的挡土墙。为了方便分析，假设开挖过程中水位一直保持不变，即孔隙水压力在施工完成后长期条件下和施工前是一致的。如果通过降水使开挖保持在干燥环境下进行（这是常见的情形），那么长期条件下的孔隙水压力则是由稳态渗流流网控制，将会比施工前小。对于临界滑裂面上的两个土体单元（分别在主动侧和被动侧），当平均总正应力减少时，剪应力增大。总应力和有效应力路径如图 7.6（b）所示，有效应力路径 $A'{\rightarrow}B'$ 对应于不排水加载。实际的有效应力路径会与土体的特性、初始超固结比等有关。

如图 7.6（b）所示，在施工刚结束时的孔隙水压力 u_i 小于最终稳定状态的孔隙水压力 u_∞，因此，施工结束时相对初始状态时产生负的超静孔隙压力。随着时间的变化，总应力基本保持在 B 点不发生改变（尽管不再有开挖，总应力在固结期间还是会有所调整，但只有一点变化），但是孔隙水压力提高。有效应力路径 $B'{\rightarrow}C'$，对应着土体的膨胀和平均有效正应力的降低。最终状态 C' 对应着孔隙水压力 u_∞ 的稳定状态。

当图 7.6（a）中滑裂面上的所有土体单元的应力状态都达到临界状态线时，挡土墙将会以某种方式失效。如果 B' 到达临界状态线，挡土墙将在不排水开挖过程中失效；如果 C' 到达临界状态线，挡土墙将在施工完成后一段时间失效。有效应力 B' 和 C' 到临界状态线的距离可用来度量挡土墙不发生破坏的安全系数。图 7.6（b）表明，用于开挖支护的挡土墙，安全系数随时间增加而减小。

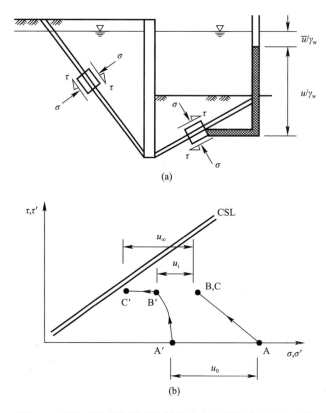

图 7.6　开挖时挡土墙附近土体的应力和孔隙水压力的变化

　　图 7.7（a）是嵌固于土中的挡土墙，支挡着墙后的粗颗粒填筑体。在这种情形下，滑裂面上的土体单元的剪应力和正应力都在增大，其总应力和有效应力路径见图 7.7（b）。不排水条件下的有效应力路径为 A′→B′，与图 7.6（b）是相同的，但是，总应力路径 A→B 和初始孔隙压力是不同的。尤其是，初始孔隙水压力 u_i 大于最终的稳定状态的孔隙水压力 u_∞，所以初始超静孔隙水压力是正的。随着时间流逝，孔隙水压力会随着土的固结而减小，有效应力路径为 B′→C′。有效应力路径上的点远离临界状态线，所以用于填筑的挡土墙，其安全系数随时间而增大。

　　图 7.6 和图 7.7 的有效应力路径及其分析虽然非常简化和理想化，且忽略了一些重

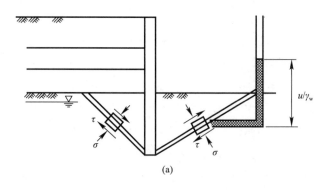

图 7.7　挡土墙后填方的应力和孔压变化（一）

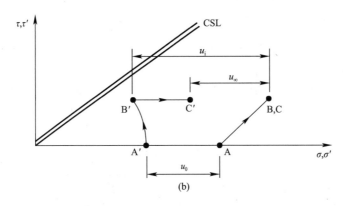

图 7.7 挡土墙后填方的应力和孔压变化（二）

要因素，如挡土墙入土的施工过程，但仍然说明了施工期间和施工结束后挡土墙稳定性的主要特征。需要注意的是：土体开挖和填筑对挡土墙长期性能的影响，有本质上的差别。一个因土体随时间变弱而变得越来越不安全；另一个则因土体随时间固结硬化变得更加安全。

7.6 地下水对挡土墙的影响

地下水通过几种不同的方式影响作用在挡土墙上的荷载，最重要的几种方式如图 7.8 所示。图 7.8（a）是挡水的嵌固式的围堰墙体，作用在墙上的自由水体的总静水压力是 P_w，P_w 可按式（7.1）进行计算。

$$P_w = \frac{1}{2} \gamma_w H_w^2 \tag{7.1}$$

图 7.8（b）为挡土的挡墙，在开挖一侧有水，总静水压力是 P_w，挡土墙带有一个支撑，支撑力是 P_a。（假设支撑的布置不会使墙发生转动）。作用在挡墙后土的总应力，来自 P_w 和 P_a 之和。注意，无论土是排水还是不排水，墙是透水还是不透水，这个总应力都是相同的。

图 7.8（c）是支挡着粗颗粒土的挡土墙，在排水条件下开挖，墙趾嵌固于相对不透水的黏土中，开挖在干燥条件下进行。如果墙是不透水的，则它像堤坝一样，墙后孔隙水压力均为静水压力。除了土的水平有效应力外，孔隙水压力 P_w 也作用在墙上。由于孔隙水压力的影响，有效应力降低，滑裂面上土的强度减小。图 7.8（d）与图 7.8（c）中的墙相同，但是墙趾是排水的，有一个局部的稳定渗流场。显然，墙体所需要的支撑力 P_a 明显减小了，水压力没有直接作用在墙上，且由于孔隙水压力减小，滑裂面上土体单元的有效应力和强度增加了。这一例子也说明了为挡土墙提供合理排水通道的重要性。

图 7.8（e）是抽水后基坑内的稳定渗流场（流网与图 7.7 的流网相似）。在基坑的底部（AB 线）有向上的渗流，有因管涌侵蚀而引起失稳的可能。当水力梯度 $i = \delta P / \delta s$ 接近 1 时，会引发管涌。如图 7.8（e）所示，流网最后一排单元上的力 δP 是 $\Delta P / 7$（因为该流网中有 7 段等势段），单元的大小 δs 可根据绘制的比例图得到。

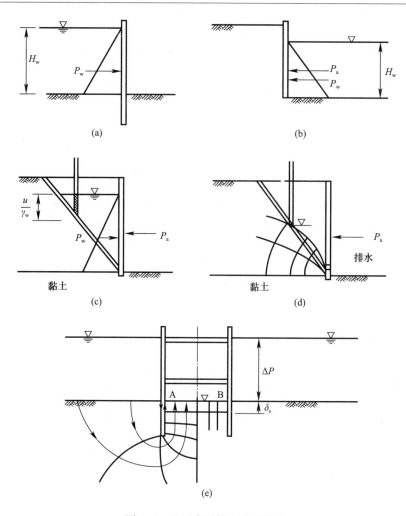

图 7.8　地下水对挡土墙的影响

7.7　土压力计算——排水条件

随着挡土墙的移动，土中的水平应力发生变化，如图 7.2 所示，当应力达到极限主动土压力或被动土压力时，土体达到极限状态。利用上限和下限方法及极限平衡方法，可以计算出主动土压力和被动土压力。但需要区分排水和不排水。

排水地基作用在挡土墙上，其主动土压力，可通过极限平衡方法，采用力多边形求解。

$$P_a = \frac{1}{2}\gamma H^2 \tan^2\left(45° - \frac{1}{2}\varphi'\right) \tag{7.2}$$

φ' 是 7.10 节中要讨论的土体排水内摩擦角。

假设有效主动土压力 σ_a' 随深度增加而线性增加，对应于极限平衡解的土应力为：

$$\sigma_a' = \sigma_v' \tan^2\left(45° - \frac{1}{2}\varphi'\right) = K_a \sigma_v' \tag{7.3}$$

其中，σ'_v 是竖向有效应力；K_a 是主动土压力系数。非常容易得到被动土压力的求解公式：

$$\sigma'_p = \sigma'_v \tan^2\left(45° + \frac{1}{2}\varphi'\right) = K_p \sigma'_v \tag{7.4}$$

K_p 称作被动土压力系数。

上述公式是针对地表水平且墙体竖直光滑的情况。一个更普遍的情形如图 7.9 所示，地表和墙背都是倾斜的，墙是粗糙的。墙和土之间的剪应力如下：

$$\tau'_s = \sigma'_n \tan\delta' \tag{7.5}$$

其中，σ'_n 是与主动土压力或被动土压力相应的正应力；δ' 是墙土界面摩擦角。显然，$0 < \delta' < \varphi'$，设计中通常取 $\delta' = \frac{2}{3}\varphi'$，根据 φ'、δ'、α 和 β 不同组合可查到 K_a 和 K_p。

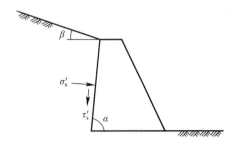

图 7.9　地表倾斜、墙面倾斜且粗糙的挡土墙上的土压力

7.8　土压力计算——不排水条件

不排水条件下的主动土压力和被动土压力，也可以通过上限和下限方法或极限平衡方法计算。求解过程与排水条件下的类似。

用极限平衡方法，对库仑楔形体进行分析，得到求解光滑挡土墙上的主动土压力的公式为：

$$P_a = \frac{1}{2}\gamma H^2 - 2s_u H \tag{7.6}$$

式中，s_u 是不排水强度。假设应力随深度线性增加，那么：

$$\sigma_a = \sigma_v - 2s_u \tag{7.7}$$

式中，σ_v 是竖向总应力。不排水条件下，被动土压力的求解公式如下：

$$\sigma_p = \sigma_v + 2s_u \tag{7.8}$$

上述不排水条件下的主动和被动土压力的求解公式可写为：

$$\sigma_a = \sigma_v - K_{au}s_u \tag{7.9}$$

$$\sigma_p = \sigma_v + K_{pu}s_u \tag{7.10}$$

其中，K_{au} 和 K_{pu} 是不排水条件下的土压力系数。

$K_{au} = K_{pu} = 2$，是针对地表水平且挡土墙光滑竖直的情况。其他情况下，包括粗糙墙面（墙和土之间的剪应力为 s_w），可以通过图表查到土压力系数 K_{au} 和 K_{pu}。

从式（7.7）可知，当满足下式时，不排水条件下的主动土压力系数是负的，即：

$$\sigma_v < 2s_u \tag{7.11}$$

土体并没有粘在墙上，土体是不可能受拉的，土中有受拉裂缝向上张开，如图 7.10（a）所示。这和边坡顶部的拉裂缝属同一种情况。对于充满水的裂缝，其临界深度是：

$$H_c = \frac{2s_u}{\gamma - \gamma_w} \tag{7.12}$$

如果裂缝中未充满水，将 $\gamma_w=0$ 带入式（7.12）即可。注意，此时主动土压力的作用位置将向下移动，如果裂缝中充满自由水（没有孔隙水压力），将以总应力作用在墙上。如果地表荷载 q 如图 7.10（b）所示，当 $q>2s_u$ 时，所有的拉裂缝都会闭合。

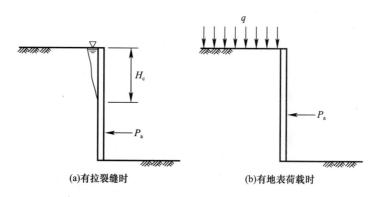

(a)有拉裂缝时 (b)有地表荷载时

图 7.10 不排水条件下作用在墙上的主动土压力

比较不排水条件下的式（7.9）、式（7.10）和排水条件下的式（7.3）、式（7.4），可知：不排水条件下土压力系数是用水平总应力和竖向总应力的差 $\sigma_h-\sigma_v$ 来表示的，而排水条件下是用水平有效应力和竖向有效应力的比值 σ_h'/σ_v' 来表示的。这是由于排水强度和不排水强度的基本公式的本质差异所导致的。

7.9 整体稳定性

作用在挡土墙上的力，有主动土压力、被动土压力、自由水的压力和支撑或锚杆的力。对于整体稳定来说，这些力和力矩必须处于平衡中。图 7.11 给出了一个最简单的例子：

$$P+\int_0^{H_w}\sigma_w\,\mathrm{d}z=\int_0^H\sigma_h\,\mathrm{d}z \tag{7.13}$$

这里积分是对应于荷载分布范围。为了计算力矩，要确定每个力的力臂，力的作用线通过每个压力分布区域的形心。

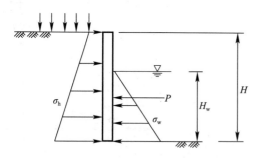

图 7.11 考虑静水压力的挡土墙上荷载

有效地避免计算出错的方法，是绘制表格和画出土压力随深度的分布图，如下述例题 7.1 中的表 7.1。它给出了图 7.17 中挡土墙上的水平应力的计算过程，该挡土墙穿过砂土层嵌固于黏土层中。砂土中的应力用式（7.3）、式（7.4）计算，黏土中应力用式（7.9）、式（7.10)计算，自由水中水平总应力和竖向总应力是相等的。注意：排水的砂土中计算了孔隙水压力，但在不排水的黏土中却没有。在砂土—黏土交界处的土压力是不连续的，所以要分别计算砂土中和黏土中的应力。

　　总的来说，如果力和力矩是平衡的，挡土墙就认为是稳定的。可以通过选择一个方便的点计算力矩和水平力。在大多数的分析中，变量（或者说未知量）是嵌固深度，可以不断增加这个深度直到取到一个合理的安全储备。挡土墙设计中，安全系数的选取是非常难的，这在后面一节中将会讨论。到目前为止，只是简单地从防止整体坍塌的角度考虑了挡土墙的整体稳定性，因此，土体各处的水平应力都处于主动土压力或被动土压力状态。需要分开考虑内撑式或锚锭式、悬臂式和重力式挡土墙，下面分别叙述。

土压力的计算　　　　　　　　　　　　　　　　　表 7.1

(a) 主动侧						
深度（m）	土	σ_z (kPa)	u (kPa)	σ_z' (kPa)	σ_a' (kPa)	σ_a (kPa)
0	砂土	80	0	80	27	27
2	砂土	120	0	120	40	40
7	砂土	220	50	170	57	107
7	黏土	220				140
10	黏土	280				200
(b) 被动侧						
深度（m）	土	σ_z (kPa)	u (kPa)	σ_z' (kPa)	σ_p' (kPa)	σ_p (kPa)
2	水	0	0	0	0	0
5	水	30	30	0	0	30
5	砂土	30	30	0	0	30
7	砂土	70	50	20	60	110
7	黏土	70				150
10	黏土	130				210

1. 锚固/内支撑挡土墙

　　图 7.12 是有一道内支撑的挡土墙，墙的嵌固深度为 d。图中的主动土压力、被动土压力和作用位置 z，可通过前一节的计算方法求得。对 P 点取距，支撑轴力通过此点，如果式（7.14）成立，则挡土墙是稳定的。

$$P_a z_a = P_p z_p \qquad (7.14)$$

根据水平力平衡，可以得到支撑或锚杆上的力 P。

$$P = P_a - P_p \qquad (7.15)$$

注意，式（7.14）中的所有变量是与嵌固深度 d 相关，通过试算的方法可以容易地得到满足式（7.14）的 d。图 7.12 中，如果墙趾可以转动和移动，称为自由端岩土支撑条件。如果嵌固深度足够深，墙趾就不会发生转动或移

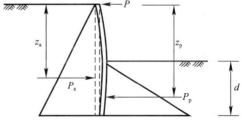

图 7.12　作用在内支撑挡土墙上的力

动，这称为固定端岩土支撑条件。

2. 悬臂式挡土墙

　　如果没有支撑或锚杆，仅有的两个力 P_a 和 P_p，同时满足力矩和力的平衡是不可能。如图 7.13（a）所示，刚性的悬臂墙将绕墙趾上方一点发生转动而失效，此时的系统是能

够满足力矩和力的平衡的。用力 Q 来代替转动点以下的力是比较简便的，如图 7.13（b）。关于 Q 点的力矩，如果满足式（7.16），则墙是稳定的。

$$P_a h_a = P_p h_p \qquad (7.16)$$

这样，就可以求解未知嵌固深度 d。为了发挥转动点以下墙的土压力，如图 7.13（a）所示，可以通常将嵌固深度伸长 20%。

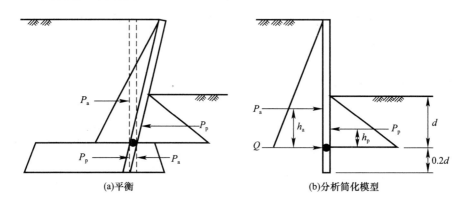

(a)平衡   (b)分析简化模型

图 7.13 作用在悬臂式挡土墙上的力

3. 重力式挡土墙

重力式挡土墙的失效主要由滑动、倾覆或墙趾处的地基破坏引起，如图 7.4 和图 7.14 所示。图 7.14（a）所示的失效是挡土墙沿着墙底滑动，$P_a = T$。

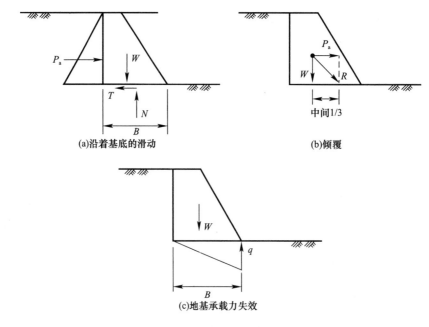

(a)沿着基底的滑动   (b)倾覆

(c)地基承载力失效

图 7.14 重力式挡土墙的平衡

1）在不排水条件下：

$$T = s_w B \qquad (7.17)$$

s_w 是土和重力式混凝土挡土墙基底之间的不排水剪切强度。

2）在排水条件下：

$$T = (W - U)\tan\delta'$$ (7.18)

其中，δ' 是土和墙之间有效摩擦角，U 是作用在基底面积 B 上的孔隙水压力。当作用在挡土墙迎土侧的法向应力为正，即处于受压状态时，即合力 R 的作用点落在基底中间 1/3 范围内时，挡土墙不会发生倾覆，如图 7.14（b）所示。图 7.14（c）给出了基底的正应力三角形分布图，对应的墙趾最大应力为：

$$q = \frac{2W}{B}$$ (7.19)

如果基底承受了过大的压力，基础可能会失效，这是第 5 章讨论的地基承载力的问题。

7.10　挡土墙设计中土体强度及安全系数

到目前为止，已经讨论了用有效摩擦角 φ' 或者不排水强度 s_u 来分析土压力、支撑或锚杆中的力以及挡土墙的整体稳定性。如 7.4 节中所讨论的，如果是用于开挖工程的挡土墙，最一开始土体是不排水加载，但是随着时间变化，墙会变得越来越不安全，而排水条件更为危险。但是，如果是用于填筑工程的挡土墙，开始时土体仍是不排水加载，但随着时间变化，挡土墙会越来越安全，不排水条件更危险。现在的问题是，极限状态下的计算应该是使用临界状态强度还是峰值强度，取用什么样的安全系数？

挡土墙的设计，在考虑极限破坏状态时，需要保证一个合理的安全范围，这与边坡稳定中的问题类似；在考虑位移限制时，又与地基承载力中问题类似。有许多标准、规范、建议对挡土墙设计参数和安全系数的选取作出了规定，也给出了许多不同的设计方法。本书不对这些过于复杂的问题进行讨论，如果读者感兴趣，可以参考专门讨论挡土墙的书籍。本书仅给出一些简单合理的设计步骤。

首先，假设墙体本身足够强也足够刚，墙体处于平衡状态，选用临界状态强度、选定地下水和自由水条件（常选最不可信值），计算得到主动土压力和被动土压力，之后再进行整体稳定性分析。考虑临界状态强度和水压力的不确定性，在计算时可以加入各自的分项系数。

其次，从限制土体位移的角度出发，用考虑荷载系数的峰值强度计算主动和被动土压力，再次分析整体稳定性。荷载系数为 2～3，具体取多少，取决于所选取峰值强度是所量测中的最不可信值、适度保守值还是平均值。这些方法在第 5 章浅基础设计中有介绍。

随后，计算作用在支撑、锚杆上的荷载和作用在挡土墙上的剪力和弯矩。这里主要的问题是，墙体主动侧和被动侧的应力分布，是通过考虑一定安全系数且采用简单的土压力计算方法得到的，与实际的应力分布有较大差别。这意味着不能根据简单的土压力分析结果去计算挡土墙的剪力、弯矩和土体位移。图 7.15 是在排水条件下、对极限破坏状态考虑一定安全储备后设计的悬臂式挡土墙。图 7.15（a）中的应力与图 7.18 中计算的结果类似，差别在于后者是考虑了安全系数的，图 7.15（a）与图 7.13（a）也类似。图 7.15（b）所示为挡土墙发生较小移动时墙上的应力分布。施工前土中的应力对应于用虚线表示的 K_0。在墙底部，墙的移动非常小，墙两侧的应力都与 K_0 分布相一致。在地表和开挖面附近，墙体的移动使得主动和被动土压力得以发挥，比用安全系数计算的结果要大。可见，用图 7.15（a）与图 7.15（b）中的应力分布计算得到的作用在挡土墙上的剪力、弯矩和位移是不同的。

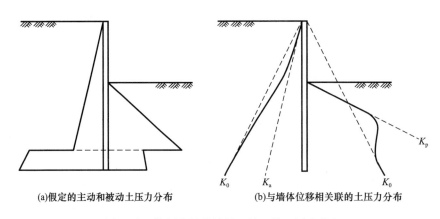

(a)假定的主动和被动土压力分布   (b)与墙体位移相关联的土压力分布

图 7.15   作用在悬臂式挡土墙上的土压力分布

接着，要计算土体的位移和挡土墙的挠度。如果已经计算了挡土墙的弯矩，那么用简单的结构分析方法就可以去计算挡土墙的挠度了。不过，必须与土体的变形相协调。要使墙的位移和弯矩与土的位移和应力相匹配，即考虑土和结构的相互作用，会增大挡土墙的分析难度。

有许多的商用计算机程序可以用来进行挡土墙的设计，但也像规范和标准一样，常会有不同的设计结果。因此，在使用这些程序之前，要保证对分析理论和相关假设有充分的理解。

7.11   本章小结

1. 挡土墙常用来支挡过高或过陡的边坡，起到保证边坡稳定或限制土体位移的作用。挡土墙有多种不同的形式，其失效模式包括地基滑动失效、墙体结构失效、支撑或锚杆失效等多种失效方式。

2. 当挡土墙远离土体时，墙后的土压力是主动土压力；当挡土墙移向土体时，墙后土压力是被动土压力。排水条件下，作用在光滑直立挡土墙上的主动土压力和被动土压力分别为：

$$\sigma'_a = \sigma'_v \tan^2\left(45° - \frac{1}{2}\varphi'\right) = K_a \sigma'_v \tag{7.3}$$

$$\sigma'_p = \sigma'_v \tan^2\left(45° + \frac{1}{2}\varphi'\right) = K_p \sigma'_v \tag{7.4}$$

其中，K_a 是主动土压力系数；K_p 是被动土压力系数。不排水条件下，作用在光滑直立挡土墙上的主动土压力和被动土压力分别为：

$$\sigma_a = \sigma_v - K_{au}s_u \tag{7.9}$$

$$\sigma_p = \sigma_v + K_{pu}s_u \tag{7.10}$$

其中，K_{au} 和 K_{pu} 是不排水条件下的土压力系数。

3. 用于开挖工程中的挡土墙，地基孔隙水压力随时间而增加，安全性降低。但是，用于粗颗粒填筑中的挡土墙，施工时土体中产生的超静孔隙压力会随时间而减小。

4. 开挖面以下的挡土墙嵌固深度必须足够，以确保边坡的整体稳定性（有合理的安全储备）。整体稳定性可通过墙后主动土压力、被动土压力以及支撑/锚杆上的作用力之间的静力平衡来检查。悬臂式挡土墙和内支撑挡土墙需用不同的方法来计算。

例　题

【例 7.1】 主动土压力和被动土压力的计算

图 7.16 中，10m 高的挡墙位于含砂土和黏土的分层土中。排水的砂土中，主动和被动侧的总应力为：

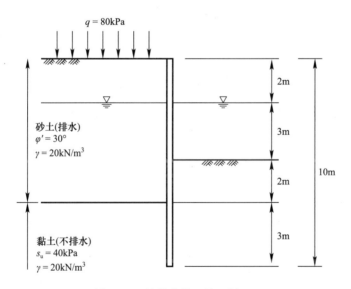

图 7.16　悬臂式挡土墙－例 7.1

$$\sigma_a = \sigma_a' + u = \sigma_z' K_a + u = (\sigma_z - u)K_a + u$$

$$\sigma_p = \sigma_p' + u = \sigma_z' K_p + u = (\sigma_z - u)K_p + u$$

这里，$K_a = \tan^2\left(45° - \dfrac{1}{2}\varphi_c'\right)$，$K_p = \tan^2\left(45° + \dfrac{1}{2}\varphi_c'\right)$。$\varphi_c' = 30°$ 时，$K_p = 1/K_a = 3$。

在不排水黏土中，主动和被动侧的总应力为：

$$\sigma_a = \sigma_z - K_{au}s_u$$

$$\sigma_p = \sigma_z + K_{pu}s_u$$

这里，对于光滑挡墙，$K_{au}=K_{pu}=2$。

σ_a 和 σ_p 随深度的变化，如表 7.1 所示。计算分层土中的主动和被动土压力，而且当有孔隙水压力时，使用表格的方式还是比较方便的。注意，砂层底部的应力与下方黏土层顶部的应力是不相同的。图 7.17 给出了随深度主动土压力和被动土压力的变化情况。

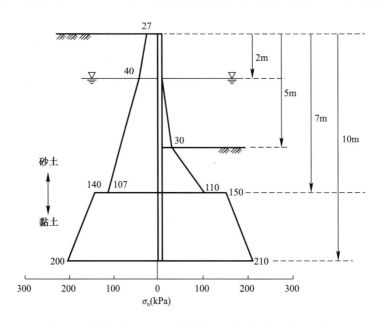

图 7.17　作用在挡墙上的主动土压力和被动土压力—例 7.1

【例 7.2】内支撑挡土墙的嵌固深度

图 7.18（a）是顶部设有一道支撑的挡土墙，位于干砂中。嵌固深度 d 未知。对于内摩擦角，取安全系数 $F_s=1.6$，$\tan\varphi_s'=\tan\varphi_c'/F_s$。$\varphi_s'=20°$。

由式（7.3）和式（7.4）得，

$$K_a = \tan^2\left(45° - \frac{1}{2}\varphi_s'\right) = \tan^2 35° = 0.5$$

$$K_p = \tan^2\left(45° + \frac{1}{2}\varphi_s'\right) = \tan^2 55° = 2.0$$

墙两侧地表到墙底高度 H 范围内的土压力为：

$$P_a = \frac{1}{2}\gamma H^2 K_a = \frac{1}{2}\times 20\times(5+d)^2\times 0.5 = 5(5+d)^2\text{kN}$$

$$P_p = \frac{1}{2}\gamma H^2 K_p = \frac{1}{2}\times 20\times d^2\times 2.0 = 20d^2\text{kN}$$

主动、被动土压力的分布及作用力如图 7.18（b）所示。注意到 P_a 和 P_p 都作用在三角形的形心上（距底部 $1/3H$），对墙顶取距，通过试算可求解。

$$5(5+d)^2\times\frac{2}{3}(5+d) = 20d^2\times\left(5+\frac{2}{3}d\right)$$

求解上述方程，$d=40\text{m}$。

用这个 d 值，求得 $P_a = 405$kN，$P_p = 320$kN。通过水平方向的平衡，求得作用在支撑上的力为：
$$P = 405 - 320 = 85\text{kN}$$

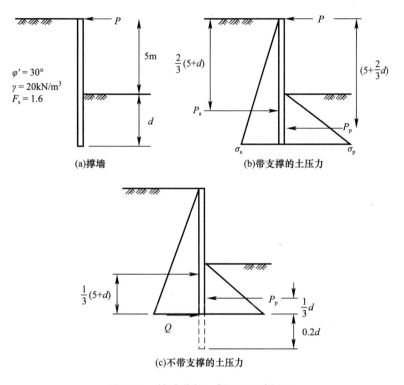

(a)撑墙　　　　(b)带支撑的土压力

(c)不带支撑的土压力

图 7.18　撑墙分析—例 7.2 和例 7.3

【例 7.3】悬臂式挡土墙的长度

图 7.18（a）中不采用支撑而采用悬臂式挡土墙。作用在墙上的力如图 7.18（c）所示。由式（7.16）可得，对力 Q 的作用点取矩，得：
$$5(5+d)^2 \times \frac{1}{3}(5+d) = 20d^2 \times \frac{1}{3}d$$

求解上述方程，$d = 8.5$m

墙长要足够，加大 20%，以获得力 Q，所以嵌固深度大约是 10m。

专业词汇对照

active earth pressure coefficient　主动土压力系数

active pressure　主动土压力

age　老化

allowable bearing capacity　容许承载力

allowable load　容许荷载

allowable movement　容许位移

allowable settlement　容许沉降

anchor　锚杆

anchored wall　锚锭式的挡土墙

attraction　吸引

auger drill　螺旋钻

base of the wall　墙基

base resistance　桩端阻力

bearing capacity　（地基）承载力

bearing capacity factor　承载力系数

bedding　层理

bending and shearing resistance　抗弯和抗剪强度

bentonite mud　膨润泥浆

blade　翼片

bonding　胶结

bored pile　钻孔桩

borehole log　钻孔柱状图

bulk modulus　体积模量

Cam clay　剑桥黏土（模型）

cast in situ pile　现浇（混凝土）桩

characteristic dimension　特征尺寸

coefficient of consolidation　固结系数

coefficient of earth pressure at rest　静止土压力系数

coffer dam wall　围堰墙体

collapse analysis　破坏荷载分析

collapse load　破坏荷载

compensated foundation　补偿式基础

compressive strength　抗压强度

cone resistance　锥贯阻力

confining pressure　围压

constitutive equation　本构方程

continuum mechanics　连续（介质）力学

contact stress　接触应力

core　（岩）芯样

Coulomb wedge　库仑楔型体

crack　裂隙

creep　蠕变

critical friction angle　临界摩擦角

critical state friction angle　临界状态摩擦角

critical state line　临界状态线

critical state parameter　临界状态参数

critical state strength　临界状态强度

critical stress　临界应力

curing　养护

current stress　当前应力

cutting edge　切刃

cutting head　刀头

cutting shoe　刃脚

deep foundation　深基础

deposition　沉积

desk studies　案头调研

detailed investigation　详细勘察

dewatering nearby excavations　基坑周围降水

dispersion　分散

distort　形变

disturbed sample　扰动土样

drill hole　钻孔

drilling machine　钻机

driven pile　贯入桩

driving formulae　打桩公式

earth pressure at rest　静止土压力

effective active pressure　有效主动土压力

effective stress　有效应力

effective stress analysis　有效应力分析

empirical correlation　经验关系

end bearing pile　端承桩

engineering geological mapping　工程地质剖分

episodic　时序性

equivalent stress　等效应力

erosion　侵蚀

excavation　开挖

excavator　挖掘机

excess pore pressure　超静孔隙压力

external load　外部荷载

fabric　组构

factor of safety　安全系数

factual report　客观性报告

failure envelope　破坏包络线

field investigation　现场勘察

finite element　有限单元

fixed earth support condition　固定端岩土支撑条件

flexible cylinder　柔性圆柱体

floc　絮凝物

flocculated　絮凝体的

free earth support condition　自由端岩土支撑条件

friction pile　摩擦桩

full-scale load tests　足尺载荷试验

geological report　地质报告

geotechnical cross-section　岩土剖面

glacial soil　冰碛土

graded bedding　级配地层

grading curve　级配曲线

grain size　粒径

gravity wall　重力式挡墙

gross bearing capacity　总承载力

gross undrained bearing capacity　不排水总承载力

ground improvement　地基加固

ground investigation　地基勘察

groundwater table　地下水水位

heave　隆起

horizontal effective stress　水平有效应力

hydraulic gradient　水力梯度

hydraulics of groundwater flow　地下水渗透水力学

in situ horizontal stress　原位水平应力

in situ testing　原位试验

installation　施工

intact　原状（试样）

intake factor　汲水系数

interpretation　解译

interpretive report　解译报告

intrinsic parameter　本征参数

joint　节理

landslide　滑坡

lens　透镜体

limit equilibrium method　极限平衡方法

limiting shear stress　极限剪应力

liquid limit　液限

liquidity index　液性指数

load capacity　（桩基）承载能力

load factor　荷载系数

loading path　加载路径

loading test　载荷试验

margin of safety　安全储备

mechanism of slip surfaces　滑移面机制

moderately conservative value　适度保守值

natural geological materials　天然地质材料

natural geological process　天然地质作用

net bearing pressure　净基底反压

normal compression line　正常压缩曲线（NCL）

normally consolidated soil　正常固结土

old landslide　古滑坡

old slope　古边坡

one-dimensional compression　一维压缩

one-dimensional consolidation　一维固结

one-dimensional modulus　一维（压缩）模量

overall stability　整体稳定性

over consolidated soil 超固结土

over consolidation ratio 超固结比

overturning 倾覆

passive earth pressure coefficient 被动土压力系数

passive pressure 被动土压力

peak strength 峰值强度

permeability 渗透性

phreatic surface 潜水面

piezocone 测孔隙水压触探头

pile cap 桩承台

pile group 群桩

piled foundation 桩基础

piping 管涌

plastic clay 塑性黏土

plastic limit 塑限

plastic potential 塑性势函数

plate loading test 平板载荷试验

point load 集中荷载

Poisson's ratio 泊松比

poorly graded soil 级配不良土体

pore water pressure 孔隙水压力

pre-drilled borehole 预钻孔

preliminary investigation 初步勘察

pressure in the groundwater 地下水压力

pressuremeter test 旁压试验

probing 触探

prop （内）支撑

propped wall 内支撑挡土墙

pumped well 抽水井

pumping test 抽水试验

radial drainage 径向排水

raking piles 斜桩

rate of strain 应变速率

reconstituted soil 重塑土

relative density 相对密实度

residual soil 残积土

residual strength　残余强度

retaining wall　挡土墙

rotary drilling　回转钻进

safe load　安全荷载

salinity　盐度

sampler head　取样器头部

sampling　取样

saturated soil　饱和土

secant modulus　割线模量

seepage　渗流

seepage flownet　流网

self-boring device　自钻设备

sensitivity　灵敏度

serviceability limit states　正常使用极限状态

settlement　沉降

shaft friction　（桩）侧摩阻力

shaft friction factor　（桩）侧摩阻力系数

shaft friction on piles　桩侧摩阻力

shallow foundation　浅基础

shear modulus　剪切模量

shear strain　剪应变

shear strength　抗剪强度

shear stress　剪应力

shear vane test　十字板剪切试验

silt　粉土

sleeve　套筒

slender wall　细长挡墙

slip surface　滑裂面

slope　边坡

slope angle　坡角

slurry　泥浆

soil element　土体单元

soil particle　土体颗粒

soil structure interaction　土和结构的相互作用

specific volume　比容

spherical consolidation　球形固结

standard penetration test 标准贯入试验（SPT）

standpipe 测压管

state boundary surface 状态边界面

state dependent parameter 状态参数

Static（Dutch）cone test 静力（荷兰）锥贯试验

steady state seepage flownet 稳态渗流流网

steel sheet pile 钢板桩

stiffness 刚度

stiffness method 刚度法

stress path 应力路径

stress relief 应力松弛

subsidence 沉陷

suction 吸力

surface forces 表面力

swell 膨胀

swelling line 膨胀曲线

tangent modulus 切线模量

the worst credible value 最不可信值

thin wall sample tube 薄壁取样管

time factor 时间因数

topographical and geological map 地形地质图

total stress 总应力

total stress analysis 总应力分析

triaxial compression test 三轴压缩试验

tube sampler 取样管

tunnel lining 隧道衬砌

tunnelling machine 隧道掘进机

ultimate limit state 承载力极限状态

ultimate load 极限载荷

ultimate state 极限状态

undisturbed sample 非扰动样

undrained 不排水

undrained strength 不排水抗剪强度

upper and lower bound method 上限和下限方法

upstream edge （挡墙）迎土侧

vane 十字板

variability 变异性

vertical drain 竖向排水

vertical effective stress 竖向有效应力

viscous 黏滞性

void spaces 孔隙

volumetric strain 体积应变

wash boring 冲洗钻孔

water content 含水量

water extraction 抽水

weathering 风化作用

well graded 级配良好

yield of a well 出水量

yield stress 屈服应力

yield stress ratio 屈服应力比

Young's Modulus 杨氏模量